くらべてわかる
木の葉っぱ

写真・文 ── 林将之

山と溪谷社

上/フウ 下/コアジサイ

はじめに	4
本書の使い方	5
樹木観察の基本 10	6
用語解説	9
葉の検索表	10

目次

不分裂葉・落葉樹

●葉の形状は特徴的
大型の葉 1（楕円形状）	14
大型の葉 2（三角形状）	16
ハート形や三角形の葉	18
円形に近い葉 1	20
円形に近い葉 2	22
山形の鋸歯が目立つ葉	23
湾曲した長い側脈がある葉（ミズキ類）	24
先広の葉で鋸歯がある（ナラ類など）	26
先広の葉で鋸歯はない（モクレン類など）	28
細長い葉 1	30
細長い葉 2	32
小型の葉（互生）	34
小型の葉（対生）	35
葉裏に金属光沢がある（グミ類）	36
香りのある葉	38

●樹皮が特徴的
樹皮が特徴的な木	40

●葉の形状はふつう
鋸歯縁・互生
平行な側脈が目立つ葉 1（ニレ科など）	42
平行な側脈が目立つ葉 2（カバノキ科）	44
葉柄に蜜腺がある葉（サクラ類）	46
サクラに似た葉	48
短い枝に葉が集まりやすい 1	50
短い枝に葉が集まりやすい 2	52
葉柄がごく短い葉（スノキ類）	53

鋸歯縁・対生
大きめの葉が対生する	56
中くらいの葉が対生する 1	58
中くらいの葉が対生する 2	60

全縁
カキノキに似た葉	62
中型の葉でふちが波打つ（ブナ類など）	64
枝先に 3 枚の葉がつく（ミツバツツジ類）	65
枝先に葉が集まる 1（低地のツツジ類）	66
枝先に葉が集まる 2（常緑のツツジ類）	67
枝先に葉が集まる 3（山地のツツジ類）	68

不分裂葉・常緑樹

●葉の形状は特徴的
大型の葉	70
ふちにトゲのある葉（ヒイラギ類）	72
3 本の葉脈が目立つ葉（クスノキ類）	74
香りのある葉	76
小型の葉	78

●樹高 1m 以下
赤い果実をつける小低木	79

●枝先に葉が集まる
枝先に葉が集まる 1（低木類）	80
枝先に葉が集まる 2（ヤマモモなど）	82
枝先に葉が集まる 3（タブノキなど）	84
枝先に葉が集まる 4（シャクナゲなど）	86

●葉の形状はふつう
どんぐりのなる常緑樹（カシ類）	88
葉の裏が金色を帯びる（シイ類など）	90
カシに似た鋸歯縁の葉	92
鋸歯のある小型の葉	94
全縁でのっぺりした葉（モチノキ類など）	96
葉が対生する常緑樹	98

分裂葉

●対生
5〜9裂の葉（モミジ類） ——— 100
7〜13裂の丸い葉（ハウチワカエデ類） ——— 101
主に5裂する葉（カエデ類） ——— 102
主に3裂する葉（カエデ類） ——— 103
大型の分裂葉 ——— 104

●互生
大型の分裂葉1（トウダイグサ科） ——— 105
大型の分裂葉2 ——— 106
モミジに似た葉 ——— 108
主に3裂（鋸歯縁） ——— 110
主に3裂（全縁） ——— 111
いろいろな形に裂ける葉（クワ科など） ——— 112

掌状複葉・3出複葉
手のひら状の葉 ——— 114
3枚セットの葉 ——— 116

羽状複葉

●鋸歯縁
枝にトゲがある1（バラ・キイチゴ類） ——— 118
枝にトゲがある2（サンショウ類） ——— 120
長い羽状複葉 ——— 121
中〜大型で鋸歯がある ——— 122
大型で鋸歯がある（互生） ——— 124
大型で鋸歯がある（対生） ——— 125

●鋸歯縁／全縁
中〜小型で対生する ——— 126

●全縁
全縁の羽状複葉1（ウルシ科など） ——— 128
全縁の羽状複葉2（マメ科） ——— 130

●2回羽状複葉
小葉は小型（マメ科） ——— 132
小葉は中型 ——— 134

つる植物
不分裂葉・互生のつる ——— 136
不分裂葉・対生のつる ——— 138
分裂葉のつる1（ブドウ科） ——— 139
分裂葉のつる2 ——— 140
掌状複葉のつる（アケビ科） ——— 142
3出複葉のつる ——— 143
羽状複葉のつる ——— 144

針葉樹

●針状葉
マツと名のつく木 ——— 146
スギに似た木 ——— 148
針状葉が羽状に並ぶ ——— 150

●鱗状葉
うろこ状の葉1（ヒノキ科） ——— 152
うろこ状の葉2（コニファー類） ——— 154

コラム
Q.この葉、何のくだもの？（バラ科の果樹） ——— 54
どんぐりの背くらべ（主なブナ科樹木の果実） ——— 91

さくいん ——— 156

はじめに

あなたは木を見るとき、どの部分に注目しますか？

花？ 実？ 葉？ 樹皮？ 樹形？

多くの人は、やはり花や実に注目するでしょう。きれいな花を眺めて、おいしい果実を食べられれば、それで十分だからです。でも、花や実だけを見ていたら、葉っぱしかない時期は、どれが何の木か正確に区別できません。

本書を手にされた方は、葉っぱだけで木を見分けられるようになりたい、そんな思いが少なからずある方だと思います。木に関心をもつ人にとって、それは至極当然な欲求です。葉っぱは幼木から老木までほぼいつでも観察でき、葉っぱだけでほとんどの木の種類を見分けられるので、樹木観察では最も基本的かつ実用的な観察対象といえるでしょう。

一方、花や熟した果実が観察できるのは、1年のうちたった数週間のみです。加えて、木は何十年、何百年と長生きするので、幼い木は何年も花実をつけません。大きな木でも、日照や栄養条件が悪いと何年も花実をつけません。多くのブナ科樹木のように、2～6年に1度のサイクルで大量に結実させる木も珍しくありません。1年で命を終える草が、どんなに悪条件だろうと花を咲かせ、実を結んでから枯れるのと対照的に、木は最適な条件が整った時を見計らって開花結実し、それ以外の期間は黙々と栄養を蓄え続けるという、したたかな生き方をしているのです。

そんな木にとって、葉っぱは、日光を浴びて光合成で栄養を生産する"顔"ともいえる中心的な器官です。けれども、葉っぱは一見よく似たものが多く、一般の図鑑では類似種との比較が難しく、識別に悩む人も多かったはずです。そこで本書は、ページを開いてB4サイズいう大きな紙面に、鮮明なスキャン画像でよく似た葉っぱを一堂に並べることで、8種類前後の葉っぱをひと目で見くらべられるようにしました。花や果実の写真は小さく控える代わりに、約550種類という入門書としては十分すぎる掲載種数を実現し、冒頭の検索表や本文の掲載順は、分類や形態で機械的に並べるのではなく、「ハート形の葉」「枝先に葉が集まる」など、なるべく直感的に分かりやすい並べ方を取り入れました。

まずは葉っぱで、木を調べてみて下さい。木の名前が分かるようになると、そこから見える世界は一気に広がります。庭や公園の木がわかると、住人や設計者の好みも見えてきます。木は自然の土台ですから、樹上に集まる虫や鳥、樹下に茂る草やきのこの種類も推測できます。木から生じた木材製品、紙、薬、食料、燃料などの恩恵を、私たちが想像以上に受け取っていることを知るかもしれません。そう、"名を知るは愛の始まり"です。

2017年2月1日

林 将之（樹木図鑑作家／樹木鑑定サイトこのきなんのき所長）

本書の使い方

本書は日本で見られる主な樹木約550種類（変種、栽培品種を含む）の写真・画像を掲載しています。葉で木の名前を調べたい場合は、p.10の「葉の検索表」を使って掲載ページを探して下さい。本文は葉の形が似たものを順に並べ、見開きページごとに見出しをつけ、類似種を見くらべられる構成になっています。葉の形が分かっている場合はp.2の目次から、木の名前が分かっている場合は巻末の索引から引いてください。

葉の形状インデックス

地色部分の上半分に葉の形を、下半分に落葉樹か常緑樹を記しました（針葉樹やつる植物は下半分に葉の形を記しました）。その下に、葉の形状のグループや、鋸歯縁or全縁、互生or対生の区別を記しました。これらはその見開きページ内の樹木に共通する特徴ですが、例外がある場合は各樹木の葉にそれを記しました。用語の意味はp.6〜8の「樹木観察の基本」やp.10の「葉の検索表」を参照してください。

見出し

そのページに掲載されている葉の共通の特徴を見出しで示し、主な樹木名をその下に添えました。

リード

そのページに掲載されている木の概要や、見分けポイント、その他の類似種などを解説し、代表種の樹形写真や花、果実の写真を添えました。

マーク

木が主に見られる環境をマークで記しました（p.6①参照）。

- 寒：山地や北国など、落葉樹林主体の寒冷な地域に自生する。
- 暖：低地や西日本など常緑樹林主体の温暖な地域に自生する。
- 街：庭や公園、街路などによく植えられる。

※植栽の場合は、暖地の木が寒地で見られことやその逆もあります。

鋸歯の有無や葉のつき方をマークで記しました。ページ内で共通する場合は左端のインデックスに記しました（p.7④⑥参照）。

- 鋸歯：葉は鋸歯縁。
- 全縁：葉は全縁。
- 互生：葉は互生する。
- 対生：葉は対生する。

木の名前

一般によく使われる和名と、漢字名、学名※を示しました。矢印（➡）の色は、落葉樹は黄緑色、常緑樹は濃い緑色、半常緑樹は2色で記しました。

科名／木の高さ／分布

科名はDNA解析に基づいたAPG Ⅲの分類体系に従っています。科名の右に、高木、小高木、低木、小低木、つるなどの区別（p.6②参照）を、右端には国内の自生または野生化している地域を示しました。

葉のスキャン画像

実物の葉をスキャナでスキャンした画像を掲載。色や質感、毛の様子など細部にわたってリアルに表現されることが特徴です。各スキャン画像には、掲載倍率（%）を青字で記し、裏側の葉には「ウラ」と表記しました。

拡大画像

小さくて見えづらい特徴は、拡大して円内に示し、掲載倍率（%）を記しました。

引き出し解説

見分けポイントや特徴を解説しました。

解説

自生環境や植えられる場所、類似種との違いや特徴、名前の由来、利用用途などを解説しました。代表的な有毒樹木やかぶれる木は解説文末尾に 有毒 、 かぶれる と記しました。

コラム

そのページの樹木に関連するトピックや、よく似ている別の仲間を紹介しました。

識別のワンポイント／一口メモ

知っておくと識別に役立つ情報や豆知識、本文で紹介できなかった類似種などを紹介しました。

生態写真

花や実、樹皮、樹形など特徴的な部位の生態写真と撮影日（月／日）を掲載しました。よく似た類似種がある場合は比較できるように並べました。

※学名は主に『BG Plants 和名−学名インデックス（YList）』（http://ylist.info 米倉浩司・梶田忠）、『日本花名鑑④』（アボック社）に従いました。

葉で見分ける 樹木観察の基本 10

葉を主な手がかりに樹木を識別したり探したりするうえで、知っておきたい「樹木観察の基本10項目」を紹介しています。

| 寒 | **寒地**（冷温帯）ブナ、ミズナラなどの落葉広葉樹林 |
| 暖 | **暖地**（暖温帯）シイ、カシ類などの常緑広葉樹林 |

日本の気候帯とこの本で示しているマーク。
青色は高山（亜高山帯）、赤色は亜熱帯
中西哲ほか（1983）を一部改変

木の観察の基本 1　木が生えている環境を確認しよう

自然に生えている（自生）木の種類は、その土地の気候や標高、地形、土壌、日当たりなどによって異なります。右図のように寒地と暖地では樹木の種類が異なりますが、西日本でも高い山に登れば北日本との共通種が見られます。人が植えた（植栽）木の場合、本来分布しないはずの木が見られることもあります。

木の観察の基本 2　木の高さを確認しよう

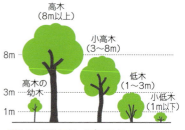

高さによる樹木のタイプの分け方

樹木の高さ（樹高）は、成木の高さによって右図のように高木、小高木、低木、小低木などに分けられます。高木も幼木の時は低木のように見えますが、低木は通常、主幹がはっきりせず細い幹が複数出たり、根元付近でよく分岐することが違いです。幹が自立せず、他物に登ったり地をはうものはつる植物です。

葉の注目ポイント 3　葉の形を区別しよう

不分裂葉
いわゆる一般的な葉の形で、切れ込みが入らない単葉のこと。楕円形、卵形、細い形、ハート形など多様。

ソメイヨシノ／ネコヤナギ／カツラ

木の葉の形は、主に以下の7種類に区分でき、針状やうろこ状の葉をもつ木を針葉樹、面状の葉をもつ木を広葉樹といいます。面状の部分（葉身）が1枚からなるふつうの葉を単葉といい、それに切れ込みが入れば分裂葉、基部まで完全に切れ込み、葉身が複数に分かれたものは複葉と呼びます。

分裂葉
切れ込みが入る単葉。切れ込みの深さや数は多様で、不分裂葉と混在して見られる木もある。

コハウチワカエデ／ヤマグワ

3出複葉
3枚の小葉で1枚の葉を構成する複葉。羽状複葉の木でも時に3出複葉が交じる場合もある。

ミツデカエデ／キハギ

掌状複葉
5枚以上の小葉が1ヶ所から手のひら状に出る複葉。日本の樹木ではごく珍しい形。

コシアブラ／アケビ

羽状複葉
小葉が羽のように並び、1枚の葉を構成する複葉。落葉樹に多く、小葉の枚数は様々。

ニセアカシア／ノイバラ

針状葉
針葉樹で見られる針のように細い葉。葉先はふつう尖るが、凹むものもある。針葉ともいう。

アカマツ／モミ

鱗状葉
針葉樹で見られる長さ数mm程度の小さなうろこ状の葉。枝に多数密着する。鱗葉ともいう。

ヒノキ／実寸大

4 葉のふちの形に注目しよう

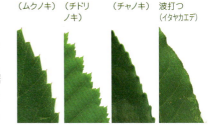

葉のふちのギザギザを鋸歯といい、鋸歯があるものを鋸歯縁、ないものを全縁といいます。大小の鋸歯が2重になったものを重鋸歯と呼び、ふつうの鋸歯は単鋸歯といいます。鈍い鋸歯や針状の鋸歯もあれば、全縁でふちが波打つ葉もあります。樹種によっては、成木の葉は鋸歯がなく、幼木は鋸歯があるものもあります。

5 落葉するか常緑かを見分けよう

一年中葉をつけている木が常緑樹、冬にすべての葉を落とす木が落葉樹で、夏の葉でも両者をほぼ見分けられます。通常、常緑樹の葉は厚く、濃い色で、光沢が強いのに対し、落葉樹の葉は薄く、明るい色で、光沢は弱めです。常緑広葉樹は暖かい地方に、落葉広葉樹と常緑針葉樹は寒い地方に多く分布します。

6 葉のつき方に注目しよう

葉が枝に1枚ずつ交互につくことを互生、2枚が対につくことを対生といいます。3枚以上の葉が1カ所につくことを輪生といいますが、日本の木では稀。短い枝（短枝）に複数の葉が束につくことを束生と呼びますが、これは多くの場合、互生する葉の間隔がつまった状態で、よく伸びた枝（長枝）では互生します。

7 1本の木にもいろいろな葉がある

1枚の葉だけでなく、木全体を見渡して典型的な葉を観察することが大事です。日なたの葉や、花がつく枝の葉は小型で、日陰の葉や、勢いよく伸びた枝（徒長枝）の葉ほど大型化する傾向があります。幼木は分裂葉で、成木ほど不分裂葉が増える木もあります。若葉は薄く軟らかく、成葉にくらべて特徴が不明瞭です。

単葉と複葉の見分け方

葉を観察し始めた時にぶつかる壁が、単葉と複葉の見分け方です。羽状複葉は、小さな葉が枝に並んでいるようにも見えますが、それらは小葉で、落葉する時は軸（葉軸）ごと落ちます。一方、単葉が枝に並んでいる場合は、それぞれの葉の基部に小さな芽がついており、枝は落葉後も残ります。つまり、芽がついている部分が枝で、複葉の上には芽がつきません。少し見慣れると、芽を確認しなくても単葉と複葉を見分けられるようになります。

⑧ 葉が観察できない場合は？

背の高い木では、枝に手が届かず、葉を観察できない場合もあります。そんな時は、根元から出た小さな枝がないか探したり、落ち葉を探したり、双眼鏡で葉を見たりすることも大事です。冬の落葉樹で落ち葉も見つからない場合は、冬芽で樹種を見分けることも可能ですが、観察対象が小さく上級者向けといえます。

冬のサワグルミ。落ち葉や実を探したい

ソメイヨシノの冬芽。芽鱗に包まれ有毛

⑨ 花・実・樹皮・樹形などを見る

より正確に簡単に木を見分けるには、葉以外の部位も総合的に観察しましょう。**枝**は、色、毛、稜、皮目などが重要で、**冬芽**も夏には形成されているので、葉と合わせて観察すると情報量が増えます。**花**や**果実**は分類の基本となる重要部位ですが、季節が限られる上に何年もつけない個体があることが難点です。ケヤキやクヌギのように、成木なら幹の**樹皮**だけで見分けられる樹種もありますが、樹皮は若い木ほど特徴が現れにくく、個体差や変異が大きい点に注意です。**樹形**の観察も大切ですが、日照条件などの環境差が特に大きく、手入れされた植栽の木と、自然林に生えた木では大きく印象が異なることもしばしばです。

典型と異なるリョウブ（p.41）の樹皮

幹径5cmのリョウブ若木の樹皮はまだ平滑

仕立てられたウバメガシの人工樹形

ウバメガシ林で見られる自然樹形

⑩ 数の多い木と少ない木がある

自然林の高木で特に数が多い木は、関東ではコナラやシラカシ、ケヤキ、北日本ではミズナラやブナ、西日本ではアラカシ、ウラジロガシ、スダジイ、ツブラジイ、タブノキ、それに各地のアカマツなどでしょう。林縁ならヌルデ、アカメガシワ、エノキなど、街路樹ならイチョウ、サクラ、ケヤキがトップ3ですが、地方や標高によって多い木、少ない木は異なり、葉の形状にも変異があることを知っておきましょう。

黄～橙色に紅葉したコナラにアカマツが交じる

観察会やWEBを活用しよう

一人で図鑑で木を調べても、なかなか確信がもてないものです。そんな時は、公園や博物館などが開催する植物観察会に参加するのもよい方法です。具体的な観察法や様々な植物名を知り、参加者との交流もうまれ、新たな世界が開けることでしょう。

インターネットで木を調べる場合は、画像検索という機能が便利です。たとえば「ケヤキ 樹皮」や「ハート形 葉 低木」などのワードで画像検索すると、求めていた画像が一覧表示されることでしょう。

ただし、インターネットの情報も人間も間違いはつきものなので、最後はやはり自分で図鑑や実物を何度も見くらべる努力が、本当に木を覚えられるか否かの差になります。どうしても木の名前が分からない場合は、筆者が運営する樹木鑑定サイト「このきなんのき」のような、Q&A形式の掲示板などに写真を投稿するのも一つの手です。

冬の植物観察会の様子。講師から教わる知識のみならず、他の参加者がどんなスタイルで観察しているか、どんな情報や図鑑をもっているかも、とてもよい刺激になる

用語解説

本書では専門用語はなるべく避けて説明していますが、葉の図鑑を読むときに知っておいてほしい用語を解説します。

葉に関する用語

托葉 葉柄のつけ根にある小さな葉のようなもの。樹種によって托葉がないものやすぐに脱落するものも多い。
葉身 葉の本体にあたる面状の部分。
葉柄 葉の柄の部分。
葉脈 葉身の中に分布しているすじ。最も太い主脈や、そこから分岐して横に伸びる側脈などがある。

その他の植物用語

S巻き 横から見たときにつるが左上に向かって巻く（↖）巻き方。→ p.144
開出毛 葉柄、葉脈、枝などからほぼ垂直に開いて生えた毛。
花序 花がついた枝全体やそのつき方。円錐花序や総状花序など様々な形がある。
株立ち樹形 1つの根株から複数の幹が群がって生えた樹形。低木では自然に株立ち樹形になることが多いが、高木では伐採された切り株から芽が出て株立ちになる場合が多い。
絹毛 絹のように光沢があり、まっすぐで細い毛。
自生 植物が、人の手によらず、自然に元来その土地に生育すること。元からなかった植物の場合は野生化と記した。
星状毛 1点から放射状に分岐して生えた毛。肉眼では粒状に見えることが多い。
Z巻き 横から見たときにつるが右上に向かって巻く（↗）巻き方。→ p.144
腺毛 先から粘液を分泌する毛で、ふつうは先が球状に膨らみ、触ると粘る。
短枝・長枝 葉が枝につく様子を観察すると、長い枝（長枝）から短い枝が出て、そこに葉が束状に集まってついている場合がある。この短い枝を、短枝という。

パイオニアツリー 他の木が生えていない場所に真っ先に侵入する木。先駆性樹木ともいう。養分の少ない土地でも早く成長でき、他の樹木が生育できる環境を整える役割も果たす。アカマツやヤシャブシ類、アカメガシワ、ヌルデ、シラカバなどが代表的。
ひこばえ 樹木の根元や切り株から芽が生えて伸びた枝。成長力が旺盛で、大型の葉がつくことが多い。
皮目 樹皮の表面にあり、空気の出入りを行う小さな突起状の組織。点状、菱形、横すじ形など形や分布は様々で、樹種を特定する手がかりにもなる。
伏毛 伏して生えた毛。
冬芽 冬を越すために葉や花を格納した芽。「とうが」とも読む。花が入っている冬芽を花芽（「かが」とも読む）、葉が入っている冬芽を葉芽（「はめ」とも読む）という。夏や秋にも観察できる。
蜜腺 蜜を分泌するところ。通常は花にあるが、葉柄や葉身基部、葉裏などにも蜜腺がある樹種もあり、イボ状や突起状、平面的な形などがある。
綿毛 ワタ状の柔らかく曲がった毛。
翼 薄くて平らな突起物を指す用語。ヌルデの葉軸の翼や、ニシキギの枝の翼、カエデ類の果実の翼などが代表的。
稜 枝や果実などに見られる角張ったすじ状の部分のこと。

分類に関する用語

科 植物の分類でよく使われる分類階級の一つで、科の下に属が含まれ、属の下に種が含まれる（右表）。
学名 国際的な規約に従いラテン語で表記された世界共通の生物の名前。植物の学名は右表のように、属名と種小名の2語で表される。さらに命名者の名を付記することもあるが、本書では省略した。2語の後に subsp. と続くものは亜種、var. は変種、f. は品種を示す。また種小名の前に×とあるものは雑種を示す。栽培品種の学名は '' で囲って記す。
栽培品種 園芸や栽培目的で特定の形質を際立たせるように選抜して作られたもの。園芸品種ともいう。
種 生物の分類で最も基本となる分類階級。種より下に亜種、変種、品種の3つの階級がある。たとえば下表に示したクロモジの場合、太平洋側に分布する狭義のクロモジ（基準変種）と、日本海側に分布する変種のオオバクロモジがあるが、広義では両方ともクロモジという種に含まれる。本書では原則として広義の和名を用いて解説した。

クロモジの学名　Lindera umbellata

階級	例（和名）	学名
科	クスノキ科	Lauraceae
属	クロモジ属	Lindera
種	クロモジ	umbellata
亜種・変種・品種	オオバクロモジ	var. membranacea

地形・環境に関する用語

低地 明確な定義はないが、平野部を中心とした概ね標高100 m以下の場所。
丘陵 概ね標高300 m以下のなだらかな丘状の場所。
山地 概ね標高300 m以上の傾斜の大きい場所。概ね1000 m以下の山地は特に低山と記した。
林縁 林のへりの部分。草地や道などとの境界部で、多くの植物が生育する。
法面 土地を削ったり土を盛ったりしてできた人工的な斜面。

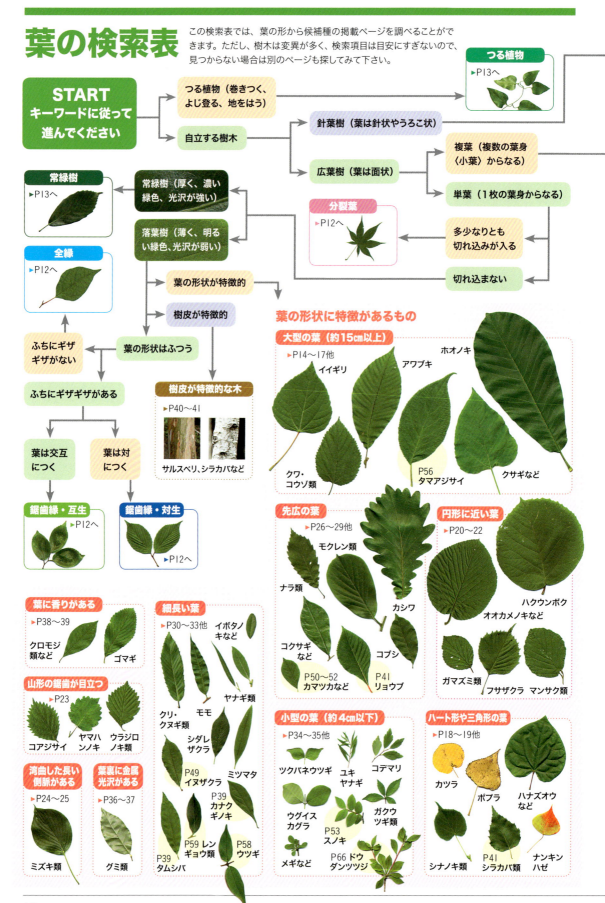

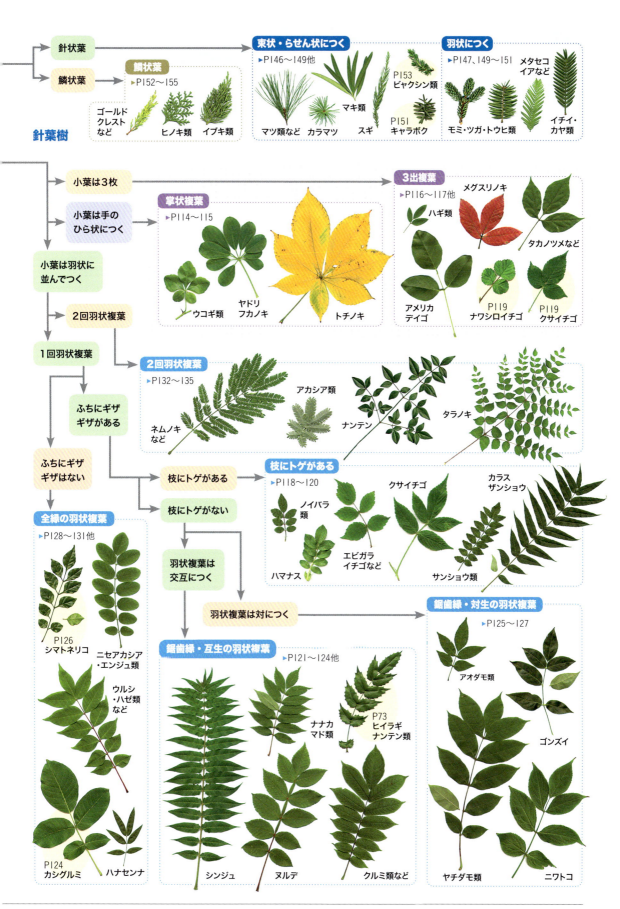

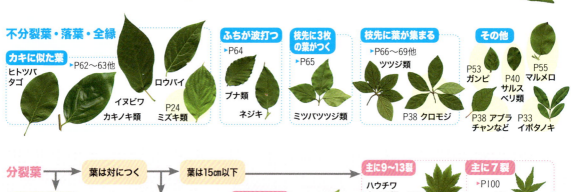
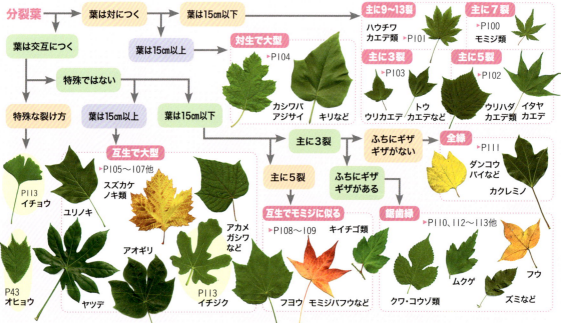

大型の葉1（楕円形状）
ホオノキ、オオバアサガラ、アワブキなど

楕円形〜倒卵形の大きな不分裂葉といえば、**ホオノキ**がまずナンバー1で、次いでカシワ（p.27）、**オオバアサガラ**、**アワブキ**、タマアジサイ（p.56）などが挙げられる。特にホオノキの葉は、単葉としては日本産樹木で最大といえる。

ホオノキの花は上向きに咲き、径20cmにもなり日本産樹木最大級（6/11）。集合果は長さ約15cm（9/25）

↓ オオバアサガラ【大葉麻殻】
Pterostyrax hispida
エゴノキ科／高木／本〜九

山地の谷沿いに生え、葉は長さ20cm前後と大きいので目につく。近畿以西に分布するアサガラは、葉の長さ10〜15cm前後でやや稀。いずれも枝が麻殻（アサの茎）に似て折れやすい。

葉先はふつう尖るが、時に凹む葉もある

80%

鋸歯は小さな突起状で目立たない

葉脈の網目がしわとなって目立つ

鋸歯は小さく突き出る

80%

オオバアサガラの花は房になってぶら下がる（6/15）

裏は毛が多少あり、しばしば白みを帯びる

枝は橙色を帯びた褐色で、折れやすい

アワブキの果実と葉（9/18）

冬芽は褐色の毛に覆われ、グローブのよう

↑ アワブキ【泡吹】
Meliosma myriantha
アワブキ科／高木／本〜九

山地〜丘陵の林に点在し、高さ10m前後になる。葉はホオノキにも似るがやや小さく、鋸歯がある。独特の冬芽や、灰黒色で平滑な樹皮も特徴。

→ **ホオノキ**【朴木】寒 暖 全緑
Magnolia obovata

モクレン科／高木／北〜九

山地〜丘陵の林に生える。葉は日本産樹木最大級で、枝先に集まってつく。この葉は昔から食べ物を盛ったり包むのに使われ、「包の木」が名の由来ともいわれる。樹皮は白っぽく平滑。

葉は先広の形。裏は粉白色を帯び、脈沿いなどに毛がある

50%

葉は長さ30〜45cm。トチノキやアワブキと異なり鋸歯はない

ウラ

裏は粉白色を帯び有毛

珍しい木

80%

葉はホオノキをずんぐり短くした形で、長さ15cmほど

葉柄は長さ3〜6cm

オオヤマレンゲの花は下向きに咲く（6/25）

↑ **オオヤマレンゲ**【大山蓮華】寒 全緑
Magnolia sieboldii

モクレン科／低木／関東〜九州

山地の尾根などに稀産する。名は奈良県の大峰山に咲く蓮華（ハスの花）の意味。ホオノキに似るが葉も花も一回り小さい。ホオノキとの雑種で花が上向きに咲くウケザキオオヤマレンゲが庭木にされる。

似ているけど別の仲間

ホオノキは枝先に7〜8枚の葉が集まってつくので、この様子が大型の掌状複葉のトチノキ（p.114）に似て見え、間違えやすい。トチノキの小葉は柄がなく、ふちに鋸歯があることなどが違う。

トチノキの若葉

一口メモ　同じモクレン科のハクモクレン（p.29）や、バンレイシ科のポポー（P.29）の葉も比較的大きく、ホオノキの葉形に似る。

大型の葉 2（三角形状）
クサギ、アカメガシワ、イイギリなど

葉の長さが 20cm 前後になる三角形状の大きな葉は、成長の早いパイオニアツリーに多く、市街地周辺の道端や林縁など、身近な明るい場所でよく見られる。葉形に変異の多い**キリ**、**アカメガシワ**、**ヤマグワ**は分裂葉のページで詳説した。

真夏に白い花を咲かせるクサギ（8/30）

➡ **クサギ**【臭木】 暖 寒 対生 全縁 く鋸歯
Clerodendrum trichotomum
シソ科／小高木／北〜沖
道端や林縁など明るい場所によく生え、樹高2〜8mになる。葉が臭いことが名の由来で、この匂いをかげばすぐ本種と分かる。若葉は山菜にされることもある。

クサギの花。しべが長く突き出る（7/31）

成木の葉は全縁だが、若木は鈍い鋸歯のある葉も多い

クサギは星形のガクと青紫色の果実が目立つ（10/6）

クサギのような匂いはない

葉をもむと独特の強い匂いがある

葉先がやや狭まる独特の形。ふつう鋸歯はない

葉裏はやや粘る毛が生える

⬆ **キリ** 暖 寒 街 対生 全縁
成木の葉は不分裂だが、若木の葉は大型で浅く3〜5裂する。→ p.104

➡ **アカメガシワ** 暖 互生 全縁
成木の葉は不分裂だが、若木の葉は浅く3裂する。→ p.105

葉柄は赤みを帯び、星状毛が密生する

識別のワンポイント この他、キササゲ（p.104）もキリによく似た不分裂葉が見られるが、三輪生することが違う。

ハート形や三角形の葉
カツラ、シナノキ類、ハナズオウなど

丸くかわいらしい**カツラ**の葉や、整ったハート形の**ハナズオウ**は、葉の形が印象的で覚えやすい。**シナノキ類**や**マルバノキ**など間違えやすい類似種もあるので、鋸歯の有無や葉のつき方をよく確認しよう。

カツラの若葉（5/9）

鋭い鋸歯があり、葉先は伸びる

基部は湾入し、しばしば左右非対称

→ **カツラ**【桂】
Cercidiphyllum japonicum

カツラ科／高木／北〜九

山地の渓谷沿いに生え、大木になる。丸いハート形の葉は、落葉して乾くとカラメルのような甘い香りを放つことから、「香出ら」が名の由来。街路樹や公園樹、庭木にもされる。

黄葉

丸みのある低い鋸歯がある

基部は湾入する

↑ **シナノキ**【科木】
Tilia japonica

アオイ科／高木／北〜九

山地の林に生え、長野や北海道に多く、時に公園や街路にも植えられる。葉はゆがんだハート形。樹皮は縦に裂け、丈夫なので縄や繊維に使われる。

シナノキやボダイジュの花は基部にへら状の苞がつき、果実は風で飛ぶ（6/10）

↙ **ボダイジュ**【菩提樹】
Tilia miqueliana

アオイ科／小高木／中国原産

仏教の聖樹として社寺に植えられるが、釈迦が木の下で悟りを開いたとされるのは熱帯生のインドボダイジュ（クワ科）で、日本では温室や沖縄で見られる。

やや珍しい木

ポプラの黄葉（11/19）

← **シラカバ**

白い樹皮が特徴的。
→ p.41

葉柄の断面は、両横から押しつぶされたように平たい

↑ **ポプラ**[Poplar]
Populus nigra var. italica

ヤナギ科／高木／ヨーロッパ原産

背高のっぽの樹形が特徴で、東日本に植栽が多い。葉は三角形〜菱形状で、大小の変異が大きい。ポプラの仲間は外国産の類似種が多く、日本にはヤマナラシ（p.21）が自生する。

葉の両面や葉柄に毛が生える

葉の基部はやや左右非対称

円形に近い葉1
ガマズミ類、マンサク類など

ほぼ円形〜丸みの強いハート形の葉といえば、身近に見られる木では、左ページのガマズミ科**ガマズミ属**（Viburnum）、右ページの**マンサク科**が代表的。いずれも鋸歯があり、ガマズミ属は対生、マンサク科は互生する。

花期のガマズミ（6/3）と果実（12/4）

➡ ガマズミ【莢蒾】 寒 暖 対生
Viburnum dilatatum

ガマズミ科／低木／北〜九

低地〜山地の林によく生える。ほぼ円形の葉が多いが、細長い葉、先広の葉など変異も多い。果実は食べられるがすっぱい。近縁種にミヤマガマズミ（p.59）などがある。

⬇ オオカメノキ【大亀木】 寒 対生
Viburnum furcatum

ガマズミ科／小高木／北〜九

山地に生え、亀の甲羅のような丸い葉が目立つ。葉に虫食いが多いことからムシカリの別名もある。花はヤブデマリに似るが、装飾花は5裂片とも同じ大きさ。

オオカメノキの果実は赤から黒色に熟す（9/13）

鋸歯はやや鈍いが形に変異がある

ウラ

葉の両面や葉柄、若枝に星状毛が多く、ざらつく

上はオオデマリ（5/8）、右はヤブデマリの花（6/15）

⬇ ヤブデマリ【藪手毬】 寒 暖 街 対生
Viburnum plicatum

ガマズミ科／低木／本〜九

山地の谷沿いに生え、水平に枝を伸ばす。花はアジサイに似た装飾花があり、5裂片のうち一つが小さい。すべてが装飾花になった品種オオデマリが庭木にされる。

角張った鋸歯が目立つ

葉身基部は深く湾入する

葉形は卵形から円形に近いものまで変異がある

→ **ヒュウガミズキ**
【日向水木】 Corylopsis pauciflora
マンサク科／低木／
石川〜岡山、高知、宮崎
庭や公園によく植えられるが、自生は日本海側の岩場が中心。トサミズキより葉も花も小さく、樹高1m内外。

↓ **ヤマナラシ**【山鳴】
Populus tremula
ヤナギ科／高木／北〜九
日本産のポプラの仲間で、山地の明るい場所に生え、狭長な樹形になる。風で葉が揺れカラカラと鳴ることが名の由来で、材が箱に使われたのでハコヤナギの名もある。

ヒュウガミズキの花は小型で、萼は黄色 (4/1)

葉はややゆがんだハート形で水かき状の鋸歯がある

葉柄は毛がやや多い

折り目のついた側脈が目立つ

ヤマナラシの樹皮は、菱形の皮目が目立つ

トサミズキの花は萼が赤く、花序軸に毛が多い (3/14)

↑ **トサミズキ**【土佐水木】
Corylopsis spicata
マンサク科／低木／高知
公園や庭に植えられるが、自生は高知県の岩場のみ。幹を多数出し樹高2〜4mになる。秋は黄葉が美しい。よく似たコウヤミズキは葉や花序の毛が少なく、西日本の渓流沿いに生える。

基部にイボ状の蜜腺が1対ある

葉柄の断面は扁平

鋸歯はマンサクより目立たない

↗ **マンサク**【満作】
Hamamelis japonica
マンサク科／小高木／本〜九
山地の尾根などに生え、時に庭木にされる。葉は円形、菱形、平行四辺形など変異が多い。和名は、雪の残る頃から花が「まず咲く」ためともいわれる。

マンサクの花。花弁は4個で黄色く、細長い (2/10)

鋸歯は鈍い。葉裏は淡緑色で星状毛が少しある

シナマンサクの葉裏は毛が密生し白っぽい

← **シナマンサク**
【支那満作】 Hamamelis mollis
マンサク科／低木／中国原産
庭や公園に植えられ、花は黄〜赤色で栽培品種が多く、マンサクとの雑種もある。マンサクにくらべ葉裏や若枝に綿毛が多く、冬も枯葉が枝に残りやすい。

マンサク類の葉は基部が左右非対称の形が多い

冬芽や若枝は褐色の星状毛に覆われる

 日本海側のマンサクは葉が丸く小型で変種マルバマンサク、西日本のマンサクは萼も黄色で変種アテツマンサクと呼ばれる。

円形に近い葉2
フサザクラ、ハクウンボクなど

円形に近い葉の中でも、ここに載せた3種は、互生で鋸歯が所々突き出ることが特徴。特にハクウンボクは、大きなまん丸の葉が印象的で、ふつうは不規則な鋸歯があるが、時に鋸歯が全くない全縁の葉も見られる。

フサザクラの若葉（6/7）と花（4/1）

ハクウンボク【白雲木】
Styrax obassia
エゴノキ科／高木／北〜九
山地の林内に時に生える。白い雲のように連なる花が美しいので、時に街路や庭にも植えられる。仏教の聖樹・沙羅双樹に見立てて、寺に植えられることもある。

葉先は長く伸びる

フサザクラ【総桜】
Euptelea polyandra
フサザクラ科／高木／本〜九
山地の谷沿いによく生え、しばしば川を覆うように枝を伸ばす。サクラ類とは異なる仲間で、花は花弁がなく地味。葉の形が独特なので見分けやすい。

側脈の先の鋸歯が突き出る

ふつう鋸歯があるが、時に全縁

ツノハシバミの果実は角状の突起がある（9/27）

ツノハシバミ【角榛】
Corylus sieboldiana
カバノキ科／低木／北〜九
ヨーロッパ原産のヘーゼルナッツ（セイヨウハシバミ）の仲間で、丘陵〜山地に生える。種子は食べられるが、果実の外面に刺さる毛が多いので要注意。

葉は菱形状。所々鋸歯が突き出る

ハクウンボクの花（5/4）

葉柄は冬芽を筒状に包み込む

識別のワンポイント　ハクウンボクは、大きな葉の下に小さな葉が2枚つき、3枚セットに見えることも多い。

山形の鋸歯が目立つ葉
ヤマハンノキ、ウラジロノキなど

大きな鋸歯が目立つ葉は比較的見分けやすい。**ヤマハンノキ**や**ウラジロノキ**の葉は、大きな山形の鋸歯にさらに小さな鋸歯があり、重鋸歯と呼ばれる形。これに対し**コアジサイ**は、大きな山形の鋸歯のみで、単鋸歯と呼ばれる。

果穂と花芽をつけたヤマハンノキ（10/20）

葉裏や葉柄、若枝に白い綿毛が密生する

↓ ウラジロノキ 寒 暖 旦生
【裏白木】Aria japonica
バラ科／高木／本〜九
丘陵〜山地の尾根に生える。名の通り葉裏が白く、春に白い花が咲く。樹皮は菱形の皮目があり、次第に縦に裂ける。

ウラジロノキの果実。果柄にも白毛が多い（10/27）

やや鈍い山形の重鋸歯がある

3枚の葉が束生することが多い。アズキナシも同様

↓ ヤマハンノキ 寒 暖 旦生
【山榛木】Alnus hirsuta
カバノキ科／高木／北〜九
ハンノキ（p.48）が水辺に生えるのに対し、本種は谷〜尾根まで明るい場所に生える。法面緑化に植えられたものも多い。花は冬〜春に咲き、松笠状の果穂が通年見られる。

葉裏の脈沿いに毛が多いものは変種ケヤマハンノキという

鋸歯はウラジロノキほど山形にならない

コアジサイの花は青紫〜白色（6/11）

↑ アズキナシ【小豆梨】 寒 暖 旦生
Aria alnifolia
バラ科／高木／北〜九
ウラジロノキに似るが、葉裏や枝、果柄の毛は少なく、鋸歯はより低い。樹皮は縦すじが入る。山地〜丘陵に生える。名は赤い果実がナシ状で小さい（長さ1cm弱）ため。

→ コアジサイ 寒 暖 対生
【小紫陽花】Hydrangea hirta
アジサイ科／低木／関東〜九
丘陵〜山地の林内に生える。装飾花がないことが他のアジサイ類（p.56）との違いで、樹高1m内外と小型。秋は黄葉する。

顕著な山形の単鋸歯があるので見分けやすい

📝一口メモ　ブナ科のナラ類（p.26）、イラクサ科のコアカソ、カバノキ科のタニガワハンノキやネコシデも山形の鋸歯が目立つ。

湾曲した長い側脈がある葉
ミズキ類

ミズキ類の葉は、全縁で側脈が湾曲して長く伸びることが特徴で、この点で他種と見分けられる。葉形は丸みの強い卵形のものが多く、**ミズキ**は互生、それ以外は対生する。樹皮の特徴と合わせて覚えると区別しやすい。

花期のミズキの樹形（5/12）と果実（8/23）

クマノミズキ 暖 寒 対生
【熊野水木】Cornus macrophylla
ミズキ科／高木／本～九

低地～山地に生え、西日本ではミズキより多い。ミズキと異なり、枝葉は対生し、冬芽は黒っぽく、葉はやや細長い傾向がある。和名は紀伊半島の熊野地方にちなむ。

ミズキ【水木】 寒 暖 互生
Cornus controversa
ミズキ科／高木／北～九

主に山地に生えるが、関東以北では低地の雑木林にも多い。水平面に階層をつくる樹形が特徴で、花期は小さな白花が目立つ。名は、春に枝を切ると樹液が水のように出るため。

クマノミズキの樹皮は、裂け目が濃い色

ミズキの樹皮は、裂け目が白っぽい色

側脈は葉先に向かって湾曲して長く伸び、よく目立つ

90%

表は無毛で光沢がやや強い

90%

表は短い伏毛があり、光沢は弱い。この葉は比較的細い葉

葉柄はクマノミズキより長い

ウラ

裏は白みを帯び、やや伏毛がある

クマノミズキの花。ミズキより花期が1ヶ月前後遅い（7/6）

冬芽は黒っぽく、先は尖り、芽鱗がない裸芽

冬芽は赤っぽく、先は丸く、芽鱗に包まれた鱗芽

冬芽 100%

冬芽 100%

先広の葉で鋸歯がある
ナラ類など

ナラ類は日本の落葉樹林に最も多く見られ、葉は倒卵形（先広）で鋭い鋸歯があり、枝先に集まって互生することが特徴。低地では**コナラ**が、雪が積もるような山地では**ミズナラ**が多い。果実は p.91 のどんぐりコラム参照。

コナラの樹形（9/19）と花（5/9）

ミズナラ【水楢】寒
Quercus crispula
ブナ科／高木／北〜九

寒冷地の林を構成する代表種で、山地でブナとよく混生する。葉、鋸歯、果実（どんぐり）ともコナラより大型で、オオナラの別名もある。大木になり、どんぐりはクマの重要な食糧でもある。

ミズナラの葉。枝先に集まってつき、葉柄は見えない

コナラ【小楢】暖 寒
Quercus serrata
ブナ科／高木／北〜九

低山の雑木林を構成する代表種で、クヌギやアベマキ、アカマツなどとよく混生する。かつては薪や炭に多用された。葉はミズナラより小さく、葉柄がはっきり認められることが区別点。

黄葉 90%

中央より葉先側で幅が最大になる
90%

鋸歯は粗く鋭いが、ミズナラより小さい

鋸歯は特に大きく、尖る

長さ1〜3cmの明瞭な葉柄がある

裏は微細な毛が密生し白っぽい

ウラ

コナラの果実（堅果 9/1）。どんぐりの解説は p.91 参照

葉柄は5mm以下でごく短い

樹皮をくらべてみよう

ミズナラの樹皮は薄く紙状にはがれる

コナラの樹皮は平坦部が白く、裂けた部分が黒い

カシワの樹皮は厚く、コナラより深く裂ける

識別のワンポイント コナラは葉形の広狭に変異が多い。北日本ではミズナラ×コナラ、ミズナラ×カシワの雑種も時々見られる。

先広の葉で鋸歯はない
モクレン類、コクサギなど

倒卵形（先広）で全縁の葉といえば**モクレン属**（Magnolia）が代表的。葉は互生し、葉の基部に枝を1周する線（托葉痕）があることが特徴で、花芽はネコヤナギ（p.31）のように毛をかぶり、サクラと同じ頃に開花するものが多い。

満開のコブシの街路樹（4/6）。花びらは白色で6枚。花の下に小さな葉が1枚つく（3/14）

➡ **コブシ**【辛夷】 寒 暖 街
Magnolia kobus
モクレン科／高木／北～九

丘陵～山地の湿った場所などに生え、関東以北に多い。ソメイヨシノより早く開花し、春の到来を告げる。名は果実が握りこぶしに似ているため。樹皮は白っぽく平滑。

コブシの果実。裂けると朱色の種子がぶら下がる（9/27）

葉先は短く突き出る

表面は細かい葉脈のしわが目立つ

90%

花芽は大きく、白い毛に覆われる

葉芽は小型

冬芽 100%

ウラ

葉の基部に枝を1周する線が残る

ふちは波打つ

葉先は丸いか凹む

葉はややごわごわした硬い質感

90%

シモクレンの花は濃い紫色で、花びらは6枚（4/15）

シデコブシの花は白～ピンク色で、花びらは12～20枚（3/31）

葉はコブシに似るがやや大きく、よく波打つ

街
➡ **シモクレン**【紫木蘭】
Magnolia liliiflora
モクレン科／小高木／中国原産

庭や公園、社寺に植えられ、単に「モクレン」とも呼ばれる。ふつうは樹高3m前後で低木状だが、ハクモクレンとの雑種サラサモクレンや栽培品種も多い。

暖 寒 街
➡ **シデコブシ**【四手辛夷】
Magnolia stellata
モクレン科／小高木／東海地方

自生は愛知県周辺の湿地などに限られるが、花が美しいので各地で庭や公園に植えられ、栽培品種も多い。ヒメコブシとも呼ばれ、葉も樹高もコブシより小さい。

花芽

識別のワンポイント　よく似たモクレン科のオガタマノキ（p.97）は常緑、タムシバ（p.39）は葉が細く、花の下に葉はつかない。

細長い葉 1
クヌギ、クリ、モモなど

このページでは、細長い葉のうち互生で鋸歯があるものを紹介した。雑木林の代表種である**クヌギ**や**クリ**、**アベマキ**は、粗い鋸歯があることが特徴だが、慣れないうちは葉だけで見分けるのは難しいので、樹皮や冬芽も確認したい。

黄葉した若いクヌギの林（12/3）

← クリ【栗】
Castanea crenata
ブナ科／高木／北～九

山地～低地の林に点在し、果樹として里山に植えられることも多い。果実や花以外はクヌギによく似るが、鋸歯や葉裏、冬芽、樹皮が異なるので見分けられる。

クリは初夏に白い花が咲く（6/15）

裏は微毛があり、クヌギより白い

鋸歯は先まで緑色。葉の大小は変異が大きい

冬芽は栗の実の形

→ クヌギ【椚】
Quercus acutissima
ブナ科／高木／本～九

低地～丘陵の里山に多く、コナラとよく混生する。シイタケ栽培のほだ木用に植林されることも多い。どんぐりは丸く大きく、樹液にはカブトムシがよく集まる。

鋸歯の先は葉緑素が抜けた淡い色で、糸状によく伸びる

裏は毛が少なく淡緑色

冬芽は細長く尖る

クヌギは春の芽吹きと同時に花が咲く（4/27）

← アベマキ【阿部槙】
Quercus variabilis
ブナ科／高木／中部地方～九

西日本の低地～山地によく生える。クヌギそっくりで混同されているが、葉裏が白く、樹皮はコルク層が発達することが違う。別名コルククヌギ。

アベマキの果実はクヌギそっくり（10/9）

クヌギより幅広く丸みのある葉形が多い

裏は細かい毛が密生し白い

樹皮をくらべてみよう

クリは縦に長く裂け、コナラに似て平滑面が残る

クヌギは縦に深く裂け、平滑面は残らない

アベマキはコルク質で、指で押すと弾力がある

識別のワンポイント クヌギとアベマキは樹皮の弾力の有無で区別しやすい。クリの若い樹皮は紫褐色で平滑。

細長い葉2
ヤナギ類、イボタノキ、キンシバイなど

左ページは、特に葉が細長く鋸歯があるヤナギ類を、右ページは、その他の全縁の葉を掲載した。ヤナギ類は細長い葉をもち水辺に生えるものが多く、日本に約30種もある上に雑種も多く、正確に見分けることが難しい場合も多い。

河原に生えたカワヤナギ

← シダレヤナギ【枝垂柳】
Salix babylonica
ヤナギ科／高木／中国原産
ヤナギ類の代表種で、枝が長く垂れ、葉は非常に細長いので見分けやすい。水辺や公園、街路に植えられ、稀に河原などに野生化する。

両面とも無毛

細かい鋸歯が並ぶ

シダレヤナギは枝垂れた樹形がおなじみで、見分けやすい

→ カワヤナギ【川柳】
Salix miyabeana
ヤナギ科／小高木／北、本
河原や湖畔によく生え、しばしば群生する。樹高はふつう3m前後。葉は中央より先側で幅が最大になることが、他種とのよい区別点。

カワヤナギの雄花。花序は長さ3〜6cm（4/2）

若枝や若葉は両面に毛が多いが、成葉はほぼ無毛

オノエヤナギの果実。ヤナギ類の果実は白い綿毛に包まれ風で飛ぶ（6/6）

← オノエヤナギ【尾上柳】
Salix udensis
ヤナギ科／高木／北、本、四
北日本で特に個体数が多く、河原や山地の谷沿いによく生える。時に尾根の上にも生えることが名の由来。

裏は葉脈が隆起し、伏毛が多い。よく似たキヌヤナギは、葉裏に絹のような強い光沢がある

シロヤナギの葉。裏は白く全体有毛。コゴメヤナギはほぼ無毛。西日本に分布するよく似たヨシノヤナギは裏が淡緑色

鋸歯は低く鈍く、時にほぼ全縁

表は葉脈が凹んでしわが目立つ

コゴメヤナギの新緑の樹形。枝は垂れない（4/22）

← コゴメヤナギ【小米柳】
Salix dolichostyla
ヤナギ科／高木／北〜近畿
低地〜山地の河原や湖畔に生え、大木にもなる。葉はシダレヤナギに似るが、枝は垂れない。花序は長さ2cm前後で短い。北日本のものは葉が細長く、亜種シロヤナギと呼ぶ。

一口メモ　ヤナギ類は他にタチヤナギやネコヤナギ（p.31）、幅広い葉のマルバヤナギやバッコヤナギ（p.49）がある。

不分裂葉
落葉樹
葉の形状は特徴的 互生

小型の葉（互生）
ユキヤナギ、シモツケ類、メギなど

バラ科**シモツケ属**（Spiraea）は日本に約13種あり、葉が概ね4cm以下と小さく、植栽される**ユキヤナギ、コデマリ、シモツケ、シジミバナ**が身近に観察できる。**メギ**と**クコ**は全く異なる仲間だが、ヘラ形の葉が束生（そくせい）するので似ている。

満開のユキヤナギ（4/2）

↓ **コデマリ**【小手毬】 街 鋸歯
Spiraea cantoniensis
バラ科／低木／中国原産
庭や公園に植えられる。ユキヤナギに似るが、花は手まり状につき、葉はやや幅広い。

コデマリの花は半球形の花序につく（5/5）

葉はふつう菱形状で、先半分に重鋸歯がある

100%

→ **ユキヤナギ**【雪柳】 街 暖 鋸歯
Spiraea thunbergii
バラ科／低木／本～九
庭や公園に植えられ、時に川岸に生える。中国原産説もある。長い枝に雪が降り積もったように白花が咲き、柳のように細い葉が特徴。

ウラ

ユキヤナギの花。ピンク色の栽培品種もある（3/9）

100%

裏は淡緑色で脈上に微毛がある。葉の広狭はやや変異がある

葉はふつうかなり細長く、鋸歯は細かい

ウラ
裏は無毛で青白い。葉形に変異が多く、かなり細い葉もある

葉先は丸い

やや珍しい木

← **シジミバナ**【蜆花】 街 鋸歯
Spiraea prunifolia
バラ科／低木／中国原産
ユキヤナギに似るが、花が八重咲きで、葉は丸みと光沢が強い。庭木にされるが少ない。

寒 暖 街 全縁
→ **メギ**【目木】
Berberis thunbergii
メギ科／低木／本～九
山地～丘陵の林に生える。時に庭木にされ、葉が赤紫色の栽培品種もある。枝葉を目の薬に用いた。花は淡黄色で春に咲く。

メギの果実。枝にトゲが多く稜（縦すじ）がある（11/2）

100%

暖 寒 街 全縁
→ **クコ**【枸杞】
Lycium chinense
ナス科／低木／北～沖
中国原産とされ、果実を薬用や食用にするため栽培されるが、河原や海岸、林縁などに野生化している。花は紫色で夏に咲く。

葉は独特のヘラ形で、短枝に束生する

葉はメギより大きく草質で、短枝に束生する。枝に時にトゲがある

花をシジミ貝に見立てたことが名の由来（4/22）

シモツケの花はピンクで夏に咲く（9/28）

葉は長い卵形だが、広狭や毛の多少に変異が多い

街 寒 暖 鋸歯
← **シモツケ**【下野】
Spiraea japonica
バラ科／低木／本～九
樹高1m以下で庭や花壇に植えられ、白花や黄金葉などの栽培品種も多い。明るい原野などに自生するが、自生個体は珍しい。

クコの果実（1/8）

100%

100%

34

小型の葉（対生）
ツクバネウツギ類、ガクウツギ類、ウグイスカグラ

「ウツギ」と名のつく木は種類が多いが、スイカズラ科**ツクバネウツギ属**（Abelia）とアジサイ科アジサイ属（Hydrangea）の**ガクウツギ類**は、葉が小さいことが特徴。よく似た**ウグイスカグラ**は、葉が全縁なので区別できる。

不分裂葉 落葉樹 葉の形状は特徴的 対生

ウグイスカグラは春にピンク色の花をぶら下げる（4/1）。果実は食べられる（5/22）

ウグイスカグラ【鶯神楽】 Lonicera gracilipes
スイカズラ科／低木／北～九
低地～山地の林に生え、樹高1m前後。名はこの木でウグイスが飛び跳ねるためという。枝葉や花柄が有毛のものを変種ヤマウグイスカグラという。

通常のウグイスカグラは両面無毛
裏は白みを帯びる
鋸歯はない
勢いの強い枝では、葉柄基部が円盤状に繋がる

アベリアの花。萼片は2～5個（7/29）

アベリア【Abelia】 Abelia × grandiflora
スイカズラ科／低木／園芸種
中国産種から作られた雑種で、庭や公園、街路によく植えられる。半常緑樹で、冬も葉が半分残る。花は初夏～秋まで咲き、白～淡いピンク色。和名はハナゾノツクバネウツギ。

葉は他種より色濃く、光沢が強い。鋸歯は低い

ツクバネウツギ【衝羽根空木】 Abelia spathulata
スイカズラ科／低木／本～九
丘陵～山地の林に生える。花はふつう白。萼片が衝羽根（羽子板の羽根）に似て、枝が空洞になることが名の由来。西日本に多いよく似たコツクバネウツギは、葉がやや細く鋸歯が目立たず、花はふつう淡黄色。

コガクウツギの花。装飾花の萼片は3～4個（5/13）

鋸歯は明瞭
3脈がやや目立つ

ツクバネウツギの花。萼片は5個（4/28）

ガクウツギの花。装飾花の萼片は3個（5/29）

コガクウツギ【小額空木】 Hydrangea luteovenosa
アジサイ科／低木／東海～九
西日本の低地～山地の林に生える。葉も花もガクウツギより小型だが、個体数は多いので花期は目立つ。

表は独特の金属光沢がある
鋸歯はやや粗い
枝は紫褐色

ガクウツギ【額空木】 Hydrangea scandens
アジサイ科／低木／関東～近畿、四、九
山地～丘陵の湿った場所に生える。アジサイの仲間で、装飾花が本来の花を額のように取り囲むことが名の由来。葉に紺色の光沢があるので別名コンテリギ（紺照木）。

脈の分岐点に白い毛がかたまる
表は鈍い光沢がある。鋸歯は低い
若い果実
萼片

一口メモ ウグイスカグラの仲間のヒョウタンボクは、寒冷地に生え、果実がヒョウタン形で有毒。

葉裏に金属光沢がある
グミ類

葉裏にうろこ状の毛（鱗状毛）が密生し、銀〜金色の金属光沢があれば**グミ科**の樹木と思ってよい。グミ科の葉は互生、全縁で、若葉の表、若枝、花、果実にも鱗状毛が多い。右ページには常緑のグミ類も合わせて紹介した。

ビックリグミの果実は長さ2〜3cmで大型（6/5）

▼ **ナツグミ**【夏茱萸】
Elaeagnus multiflora
グミ科／小高木／北〜近畿
丘陵〜山地の尾根や原野に生え、庭木にもされる。果実は長さ2cm弱の楕円形で、初夏に熟す。樹高2〜6mほど。

若葉は表も鱗状毛か星状毛があるが、次第になくなる

葉はナツグミより一回り大きい

鱗状毛の拡大。丸く平たいことが分かる

裏は銀色の鱗状毛が密生し、褐色の鱗状毛も点在する

ナツグミの花。グミ類の花はどれも白〜淡黄色（4/10）

枝はアキグミにくらべ褐色の鱗状毛が多い

アキグミの果実は径1cm弱の球形（12/27）

▲ **ビックリグミ**【吃驚茱萸】
Elaeagnus multiflora var. *gigantea*
グミ科／低木／園芸種
ナツグミから選抜された変種で、果実がびっくりするほど大きく、ダイオウグミ（大王茱萸）とも呼ばれる。庭木にされるグミとしては最もふつう。

若葉ほど表にも鱗状毛が多く、青白く見える

▼ **アキグミ**【秋茱萸】
Elaeagnus umbellata
グミ科／低木／北〜九
海岸〜山地まで生え、法面や海岸の緑化に植えられることもある。時に庭木、公園樹。ナツグミより銀白色の鱗状毛が多く、葉が細く、果実は秋に熟す。

いろいろあるグミの種類

日本にはグミ科の樹木が16種自生するが、身近に見られるのはこの2ページで紹介した5種くらい。他には山地に広く分布するマメグミをはじめ、ハコネグミ、カツラギグミ、アリマグミ、クマヤマグミ、ヤクシマグミ、リュウキュウツルグミなど、地方名を冠したグミが各地方に分布する。

ふちはよく波打つ

マメグミの葉

若枝は白い

葉形に変異があり、細い葉が多いが、広い葉もある

裏は銀白色の鱗状毛が多く、褐色の鱗状毛が少し交じる

一口メモ　グミ科の果実はいずれも甘味があり食べられるが、アキグミやツルグミは渋味も強く、ナツグミが美味。

成葉の表は無毛

ウラ

裏は赤褐色と銀色の鱗状毛が密生し、色の濃淡は変異がある

葉は硬い質感で、ふちが波打つ様子が独特

ウラ

裏は白っぽい鱗状毛に褐色の鱗状毛が点在する。グミ類では例外的に光沢はない

これは常緑樹

これは常緑樹

しばしば枝にトゲが出る

【暖】
↑ ツルグミ【蔓茱萸】
Elaeagnus glabra
グミ科／つる／本〜沖
常緑樹林内に生え、トゲ状の小枝で他の木に寄りかかり、3〜10m前後登る。葉はシイに似た長い卵形で、裏は金色っぽい光沢が強いことが特徴。

枝は赤褐色の鱗状毛が密生する

ナワシログミの果実（5/15）

【暖】【街】
↑ ナワシログミ【苗代茱萸】
Elaeagnus pungens
グミ科／低木／東海〜九州
海岸や常緑樹林内に生える。庭木や生垣にも植えられ、関東でも時に野生化している。苗代（イネの苗を育てる田）を作る初夏に果実が熟す。

ツルグミの果実は初夏に熟す（5/14）

【暖】
↓ マルバグミ【丸葉茱萸】
Elaeagnus macrophylla
グミ科／低木／本〜沖
海岸付近の常緑樹林内に生え、枝はややつる状に伸びる。名の通り、葉はグミ類の中で最も丸く大きいので見分けやすい。オオバグミの名もある。

マルバグミの花。若葉は表も鱗状毛が多い（12/19）

これは常緑樹

葉裏が金色といえば

グミ類以外に葉裏に金属光沢がある樹木は、スダジイ、ツブラジイのシイ類（p.90）やマテバシイ（p.84）などが挙げられる。しかしこれらは鱗状毛がないか不明瞭なので区別できる。なお沖縄には、グミそっくりで鱗状毛もあるグミモドキ（トウダイグサ科）が分布する。

シイ類は樹冠を見上げると、金色を帯びて見えることが特徴

ウラ

裏は銀色の鱗状毛が多く、褐色の鱗状毛が少し交じる

葉柄や枝は褐色の鱗状毛が密生

常緑のグミ類はいずれも秋に花が咲き、春〜初夏に果実が熟す。3種の間で雑種が自然にできることもある。

香りのある葉
クロモジ類、コクサギ、ゴマギなど

葉の外見が平凡でも、ちぎって匂いをかぐと樹種（じゅしゅ）を見分けられる場合も多い。特に**クスノキ科**や**ミカン科**は、どの樹種も特徴的な香りがあるので覚えておきたい。**クサギ**や**ゴマギ**は香りが強く、葉に触れただけでも匂う。

クロモジの黄葉と果実（10/26）
花と枝（4/5）

➡ **アブラチャン**【油瀝青】
Lindera praecox
クスノキ科／低木／本〜九
山地〜丘陵の湿った場所に多く、細い幹が多数出るので「群立ち（むだだち）」の呼び名もある。名は果実や樹皮に油が多く、チャノキの果実に似るためとの説もある。

アブラチャンの果実。熟すと裂ける（9/30）

葉柄は長く、しばしば赤みを帯びる

葉は枝先に集まらず、枝は褐色

葉をちぎるとツンとした香りがある。裏は白みを帯びる

➡ **クロモジ**【黒文字】
Lindera umbellata
クスノキ科／低木／北〜九
山地〜丘陵の林内によく生える。枝は緑色で、文字を書いたような黒い模様が入る。日本海側のものは葉が大型化し、変種オオバクロモジと呼ばれる。

枝葉をちぎると爽やかな芳香がある

葉は枝先に集まってつく

枝は緑色を帯びる

葉芽
冬芽
花芽

➡ **アオモジ**【青文字】
Litsea cubeba
クスノキ科／小高木／東海〜九
本来の自生は九州が中心で、他の地域は時に庭木や野生化したものが見られる。明るい林縁などに生え、秋は黄葉が美しい。

アオモジの花。切り花にもされる（3/17）

やや珍しい木

ちぎるとレモンに似た香りがある

➡ **ヤマコウバシ**【山香】
Lindera glauca
クスノキ科／低木／関東〜九
丘陵〜山地の林に点在する。秋にオレンジ色に紅葉し、冬も枯葉が枝によく残るので目立つ。葉の香りが名の由来だが、クロモジにくらべるときつい匂い。

クロモジの葉を長くした印象で、先はよく尖る

枝に残ったヤマコウバシの枯葉（12/28）

葉はやや硬い質感で光沢がある

枝は褐色で、葉柄は短い

不分裂葉／落葉樹／樹皮が特徴的

樹皮が特徴的な木
サルスベリ、ナツツバキ、シラカバなど

葉の外見が平凡でも、樹皮（幹肌）がまだら模様になるものや、特殊な色になるものは、樹皮だけで見分けられる場合もある。ただし、樹皮は個体差が大きく、若い木では特徴が表れにくいので、葉と合わせて見分けることが大事。

サルスベリの樹形と花（9/10）

➡ サルスベリ【猿滑】
Lagerstroemia indica
ミソハギ科／小高木／中国原産
庭や寺、街路、公園に植えられ、サルも滑りそうな幹が名の由来。樹皮は淡褐色〜オレンジ色で、老木ほど光沢が出る。長く伸びた枝にピンクや赤、白色の花をつけ、夏〜秋に長く咲くのでヒャクジツコウ（百日紅）の名もある。

すべすべでうねができることが多い

先は丸いか凹むか、やや尖る

➡ シマサルスベリ【島猿滑】
Lagerstroemia subcostata
ミソハギ科／高木／屋久島〜奄美群島
サルスベリより葉や果実、樹高が大きく、樹皮は白い斑点が多く交じることが特徴。花はふつう白色だが、サルスベリとの雑種も作られている。名は南の島に自生するためで、関東以南で庭や公園に時に植えられる。

サルスベリより白い部分が目立つ

サルスベリと異なり、先はやや伸びて尖る

互生と対生が入り交じる。葉柄はごく短い

➡ ナツツバキ【夏椿】
Stewartia pseudocamellia
ツバキ科／小高木／東北南部〜九
山地のブナ林内などに生え、ツバキの仲間で6〜7月に花が咲くのでこの名がある。樹皮はオレンジ色やベージュ、茶色のまだら模様になり、庭木にも人気が高い。仏教の聖樹・沙羅双樹に見立てられたためシャラノキの別名があり、寺にも植えられる。

まだら模様が特に美しい

ナツツバキの花は径5〜6cmで清楚な白色（7/19）

葉脈が凹んで目立つ

➡ ヒメシャラ【姫沙羅】
Stewartia monadelpha
ツバキ科／高木／関東〜近畿、四、九
ナツツバキ（シャラノキ）に似るが、花や果実、葉が小さいため「姫」の名がつく。樹皮はナツツバキより細かくはがれ、オレンジ色が強く、老木ほど光沢が出る。庭や公園に植えられるが、自生地は限られ、富士・箱根・伊豆などの山地に多い。

オレンジ色でまだら模様は少ない

ナツツバキより葉が細く先が尖る

ふちは鈍く低い鋸歯がある

果実 100%

ウラ

40 📝一口メモ　ナツツバキやリョウブを「サルスベリ」と呼ぶ地方もあり、これらを樹皮だけで見分けるのは難しいこともある。

シラカバ【白樺】
Betula platyphylla

カバノキ科／高木／北～本州中部

高原の牧場周辺や山地の明るい林に生え、群生もする。まっ白な幹が美しく、見分けやすい。樹皮は横向きに薄くはがれ、への字模様が入る。別名シラカンバ。庭木や公園樹にされるが、東京などの暖地ではヒマラヤ原産の近縁種ジャクモンティーの方がよく植えられる。

枝の落ちた痕が黒いへの字になる

ふちに粗い鋸歯がある
側脈は5～8対

シラカバの街路樹

ダケカンバ【岳樺】
Betula ermanii

カバノキ科／高木／北～本州中部、四

シラカバに似るが、樹皮はオレンジ～ピンク色を帯び、への字模様はない。山地～高山に生え、日本アルプスなど標高2000m級の山に多い。本種もシラカバも秋は黄葉が美しい。

樹皮はオレンジ色を帯びた白色

側脈は7～15対でシラカバより多い
シラカバにくらべ、葉の基部がややハート形に湾入する

他にもある

↑プラタナス→p.106

リョウブの花。これを龍の尾に見立てたことが名の由来とする説もある (6/21)

リョウブ【令法】
Clethra barbinervis

リョウブ科／小高木／北～九

低山～山地の尾根やマツ林に生える。樹皮はうろこ状にはがれ、白や褐色のまだら模様になるが、きれいにはがれない個体もある (p.8)。若葉は可食で、かつて非常食として植栽するよう令法が出されたという。

白い斑点模様が目立つ

ふちに尖った鋸歯がある。葉は先広の形
葉柄や主脈は赤色を帯びることが多い。葉は枝先に集まってつく

↑カゴノキ→p.83

カリンの果実は長さ10cm前後 (10/31)

カリン【花梨】
Chaenomeles sinensis

バラ科／小高木／中国原産

平安時代までに日本に渡来した果樹。果実は硬く生食できないが、香りがよく、果実酒やせき止めに利用される。春にかわいらしいピンク色の花をつける。幹は緑や褐色のまだら模様で、縦のうねが入ることが多い。

樹皮は緑色を帯び、まだらにはがれる

ふちに細かい針状の鋸歯がある

↑バクチノキ→p.70

↑ウリハダカエデ→p.102

📝一口メモ　樹皮が白いシラカバ、オレンジ色のヒメシャラ、緑色のアオギリ (p.107) は三大美幹木と呼ばれることもある。

平行な側脈が目立つ葉1
ニレ科、アサ科

ケヤキや**ムクノキ**、**エノキ**は、いわゆるふつうの葉の形で、身近な樹木の代表種。特にケヤキとムクノキは、平行に並ぶ多数の側脈が目立ち、扇形の樹形がよく似ている。**ハルニレ**は寒地に多く、**アキニレ**は西日本の暖地に分布する。

公園に植えられたケヤキ（7/15）

ムクノキの果実。干し柿のような味で食べられる（12/5）

ケヤキの果実は食べられない（10/24）

ケヤキ【欅】 寒 暖 街
Zelkova serrata
ニレ科／高木／本〜九
低地〜山地の雑木林や谷沿いに生え、街路や公園にもよく植えられる。扇形の樹形が美しく、樹高30m以上の大木にもなる。うろこ状にはがれる樹皮が特徴的で、木材は家具や木工品に重宝される。

鋸歯はカーブした独特の形

暖
ムクノキ【椋木】
Aphananthe aspera
アサ科／高木／関東〜九
低地の林縁や川沿いなどに生える。庭や道端に幼木が生えてくることも多い。ケヤキに似るが鋸歯や葉脈、樹皮が異なる。果実はムクドリなどがよく食べる。

表面はざらつき、乾いた葉はやすりとして使える

鋸歯はケヤキにくらべて角張る

ケヤキと異なり、基部の側脈が長く伸び、外側に分岐する

葉は小高木以上では最小級で、左右非対称。表面はざらつく

鋸歯は角張る

暖 街
アキニレ【秋楡】
Ulmus parvifolia
ニレ科／小高木／東海〜九
西日本の川沿いや海岸に生え、街路や公園にも植えられる。秋に地味な花をつける。樹皮はケヤキよりよくはがれる。

葉の先半分のみに鋸歯があることが特徴

→ **ハルニレ**【春楡】 寒 暖 街
Ulmus davidiana
ニレ科／高木／北〜九
北日本と九州に多く、山地の谷沿いや湿地に生え、公園や街路にも植えられる。樹皮は縦に裂け、大木になる。春の芽吹き前に、花びらのない地味な花をつける。

大小2重になった重鋸歯がある

100%

ムクノキやケヤキにくらべ側脈は少ない

葉の幅は中央より先側で最大になる

100%

しばしば不規則に2〜5裂し、角のように突き出る

やや珍しい木

葉形は左右非対称

3本に分かれる葉脈が目立つ

暖 街
↑ **エノキ**【榎】
Celtis sinensis
アサ科／高木／本〜九
身近な山野によく生え、林縁や道端、河原などに多く、公園や社寺にも見られる。ケヤキやムクノキより丸い樹形になる傾向がある。国蝶のオオムラサキやゴマダラチョウの食草。

エノキは秋にオレンジ〜赤色の果実がなり、食べられる（10/4）

← **オヒョウ** 寒
Ulmus laciniata
ニレ科／高木／北〜九
山地の谷沿いや湿地に生える。よく似たハルニレと混生するが、先が独特の形に切れ込む葉が交じることが特徴。名はアイヌ語に由来する。別名アツシ。

葉柄はごく短い

50%

樹皮をくらべてみよう

ムクノキの樹皮。はじめ白っぽく縦すじがあり、老木は樹皮が縦にはがれてくる

ケヤキの樹皮。若木は灰色で平滑だが、年数を経るとうろこ状にはがれてくる

エノキの樹皮。裂け目はなく、表面は砂のようにざらつく

アキニレの樹皮。うろこ状にはがれ、まだら模様になる

葉が似ているけど別の仲間

暖 寒 街
ヤマブキ【山吹】
Kerria japonica
バラ科／低木／本〜九
葉はムクノキに似るが全く別の仲間。山野の林縁に生え、樹高1〜2mで細い幹を多数出す。八重咲きの品種ヤエヤマブキが庭木にされる。よく似たシロヤマブキも庭木にされ、自生は西日本にごく稀。

60%

大小2重の鋸歯がある

ヤマブキの花は山吹色で美しく、花弁は5枚。葉は互生（4/15）

シロヤマブキの花は花弁が4枚。葉は対生する（4/10）

📝一口メモ　ムクノキやエノキは従来ニレ科に分類されていたが、DNA解析によるAPG分類体系では新たなアサ科に含まれた。

平行な側脈が目立つ葉2
カバノキ科

カバノキ科の葉は卵形でケヤキ（p.42）などに似るが、細かい重鋸歯があることが特徴。**シデ類**（クマシデ属；Carpinus）や**ヤシャブシ類**（ハンノキ属；Alnus）が身近な林に見られ、いずれも芽吹き前に穂状の花をぶら下げる。

アカシデの株立ち樹形。下は花（4/5）

葉先は短い 90%

← **イヌシデ**【犬四手】
Carpinus tschonoskii
カバノキ科／高木／本～九
低地～山地の林に生える。シデ類は、花や果実がしめ縄の四手（紙の飾り）のようにぶら下がることが名の由来。「犬」は材質などが劣るという意味。

イヌシデの樹皮。灰色の縦すじがやや目立つ

側脈の間や葉柄に白毛が多い

葉先は伸びる 90%

← **アカシデ**【赤四手】
Carpinus laxiflora
カバノキ科／小高木／北～九
低地～山地の雑木林などに生える。花や紅葉は他のシデ類より赤みを帯び、時に庭木や公園樹にされる。樹皮は縦すじが入る。

葉柄はイヌシデより長めで毛は少ない

そっくりだけど別の仲間

チドリノキ【千鳥木】 寒
Acer carpinifolium
ムクロジ科／小高木／本～九
カエデ属の木だが、葉はシデ類そっくりで、山地の谷沿いにサワシバなどとよく混生する。葉が対生することが大きな違い。花がぶら下がる様子をチドリに見立てたとされ、果実はカエデ類と同様にプロペラ形。

大小2重の重鋸歯が顕著 50%

葉はサワシバよりやや大きく、対につく

▼ **クマシデ**【熊四手】
Carpinus japonica
カバノキ科／小高木／本～九
山地の林や谷沿いに生える。樹皮はイボ状の皮目が縦に並ぶ。果穂はサワシバに似ている。「熊」の名は葉や果穂が大きいためと思われる。

90%

イヌシデより葉が長く、側脈が多い

基部の側脈は分岐しない

クマシデより葉が幅広く、基部はハート形になる傾向が強い

← **サワシバ**【沢柴】 寒
Carpinus cordata
カバノキ科／小高木／北～九
山地の沢沿いに多く、サワシデともいう。葉や果穂はシデ類最大で、樹皮は浅く縦に裂ける。

基部の側脈はさらに外側に分岐する

サワシバの果穂。ホップに似る（8/5）

識別のワンポイント　イヌシデやアカシデの果穂は、サワシバやクマシデにくらべ果実がややまばら。いずれもばらけて風に舞う。

ヒメヤシャブシ 寒 暖
【姫夜叉五倍子】Alnus pendula
カバノキ科／低木／北、本、四
雪の多い山地〜丘陵に生え、造成地などの緑化用に植えられたものもある。ヤシャブシより葉は細く、果穂も小型で、樹高2〜5mほど。

ヤシャブシ 寒
【夜叉五倍子】Alnus firma
カバノキ科／小高木／福島〜近畿、四、九
山地の明るい林に生える。果穂は中型で1〜3個ずつつく。名は黒い果穂を夜叉（鬼神）にたとえ、フシ（ヌルデの虫こぶ）と同様に染料に用いたため。

オオバヤシャブシ 暖 寒
【大葉夜叉五倍市】Alnus sieboldiana
カバノキ科／小高木／関東〜九
関東〜近畿の海岸や低山に自生する他、やせ地でよく育つので、造成地などの緑化用に各地で植えられ、自生地以外でも野生化している。樹皮は不規則に割れる。

ミズメ【水目】 寒
Betula grossa
カバノキ科／高木／本〜九
山地の林に点在する。樹皮を傷つけたり枝を折ったりすると、湿布薬の匂いがすることが大きな特徴。別名が多く、ミズメザクラ、アズサ（梓）、ヨグソミネバリ（夜糞峰榛）など。

アサダ【浅田】 寒
Ostrya japonica
カバノキ科／高木／北〜九
山地に点在し、北海道に多い。樹皮がはねるようにはがれることが特徴で、ハネカワの別名もある。

識別のワンポイント　ヤシャブシ類の果穂はほぼ一年中、枝に残るので、よい見分けポイントになる。

不分裂葉／落葉樹／葉の形状はふつう▶鋸歯縁く 互生

葉柄に蜜腺がある葉
サクラ類、ウメ

バラ科**サクラ属**（Cerasus）は、葉柄や葉身基部にゴマ粒ほどの蜜腺がふつう1対あることが特徴で、野生種約10種と多くの栽培品種がある。**ウメ**やアンズ（p.55）、モモ（p.31）、マルバヤナギ（p.49）などの葉も小さな蜜腺がある。

花期のソメイヨシノ。花は淡いピンク色で、葉が出る前に密集して咲くので美しい。萼や花柄に毛が多いことが特徴（4/2）

➡ **ソメイヨシノ**【染井吉野】 街
Cerasus ×yedoensis
バラ科／高木／園芸種
主にエドヒガンとオオシマザクラから生じた雑種で、街路や公園に最もふつうに植えられているサクラ。名は東京の旧染井村から「吉野桜」の名で広まったため。

ソメイヨシノの樹皮は、はじめ横すじがあり、次第に縦に割れて黒くなる

90%

裏は淡緑色。主脈上はやや有毛 ウラ

葉先は長く伸びる

鋸歯はヤマザクラよりやや粗い

鋸歯はサクラ類の中でも最も小ぶり

90%

⬅ **ヤマザクラ**【山桜】 暖 寒 街
Cerasus jamasakura
バラ科／高木／本〜九
野生のサクラの代表種で、低地〜山地の林によく生え、時に植えられる。ソメイヨシノと異なり、花と赤い若葉が同時に開く。樹皮は横すじ模様が目立ち、老木は黒っぽくなる。

葉柄上に蜜腺がふつう1対ある

裏は白みを帯び、両面無毛

ソメイヨシノの蜜腺に来たアリ

葉柄や冬芽は毛が生える

ウラ

250%
蜜腺。数は0〜6個まで変異がある

ヤマザクラの花と赤い若葉。萼や花柄は無毛（4/7）

ヤマザクラの樹皮。横向きの皮目が目立つ

多様な栽培品種がある「八重桜」

サクラ類は、オオシマザクラを中心に多くの雑種や栽培品種が作られており、これらを総称でサトザクラ（里桜）と呼ぶ。代表的なものに'関山''普賢象''一葉'などがあり、八重咲きで花期がソメイヨシノより数週間遅く、俗に「八重桜」と呼ばれていることが多い。

'関山'の花。大輪で枝も太い。葉はオオシマザクラに似る

識別のワンポイント ソメイヨシノとシダレザクラ（p.31）の冬芽は有毛、それ以外の主要なサクラは無毛なので、冬でも区別できる。

サクラに似た葉
キブシ、ハンノキ、ウワミズザクラなど

サクラ類（p.46）は葉柄に蜜腺がつくので見分けやすいのに対し、蜜腺がなくてサクラ類に似た葉は、平凡な外見で見分けにくいものが多い。p.50 〜 52 の「短い枝に葉が集まりやすい」木と合わせて、細部をしっかり確認しよう。

キブシの花（4/5）と果実（7/6）

➡ **キブシ**【木五倍子】 暖 寒
Stachyurus praecox
キブシ科／低木／北〜九
低地〜山地の林縁に生える。樹高2〜4mの株立ち樹形で、枝を垂れ気味に伸ばす。葉は大小の変異が大きいが、花芽があれば見分けやすい。名は果実をフシ（ヌルデの虫こぶ）と同様に染料に用いたため。

➡ **ハナイカダ**【花筏】 寒 暖
Helwingia japonica
ハナイカダ科／低木／北〜沖
人をのせた筏のように、葉の上に花がつくことが名の由来。丘陵〜山地の林内に生え、樹高1〜2m。雌雄異株で、雌株は黒い果実も葉の上につく。

➡ **ハンノキ**【榛木】 寒 暖
Alnus japonica
カバノキ科／高木／北〜九
湿地や湖畔、河原に生え、時に公園の水辺に植えられる。果穂がほぼ通年ついていることが特徴。よく似たヤマハンノキ（p.23）は葉が丸い。

➡ **イソノキ**【磯木】 寒 暖
Frangula crenata
クロウメモドキ科／小高木／本〜九
丘陵〜山地の林に時に生える。葉は2枚ずつ互生する（コクサギ型葉序；p.39）。名は、枝を稲を束ねる「結いそ」に使ったことが由来との説がある。

ウワミズザクラ【上溝桜】寒 暖
Padus grayana
バラ科／高木／北〜九

山地〜丘陵の林や谷沿いに生える。他のサクラ類と異なり、花は白色でブラシ状につく。樹皮は黒っぽく、短い横向きの皮目(ひもく)があり、次第にひび割れる。名は昔、占いで溝を彫る木などに使ったためという。

- 葉脈は表で凹み、裏に突出してしわ状に目立つ
- 葉の基部側で幅が広くなる
- 葉身基部に小さな蜜腺がある場合もある
- イヌザクラは花序の下に葉がつかない（5/26）
- イヌザクラの若い樹皮は白っぽく、横すじが入る
- ウワミズザクラは花序の下に葉がつく（5/11）

イヌザクラ【犬桜】寒 暖
Padus buergeriana
バラ科／高木／本〜九

丘陵〜山地の林に生える。ウワミズザクラに似るが葉はモモに似て細長く、個体数は少ない。樹皮が白いのでシロザクラの別名もある。

- やや珍しい木
- 葉先側で幅が広くなる
- 葉身基部に蜜腺がある場合もある
- 冬芽は赤い

バッコヤナギ【跋扈柳】寒
Salix caprea
ヤナギ科／小高木／北、本、四

寒冷地の水辺や林縁に生え、北日本に多い。名は花や果実の白毛が婆っこ（お婆さんの方言）の髪に見えるためとの説がある。花がネコヤナギ（p.31）に似るので、ヤマネコヤナギの別名もある。

- 裏は粉白色を帯び、両面無毛
- バッコヤナギの花（3/19）
- 裏は縮れた毛が密生することが特徴
- 鋸歯は波状で低い
- 表は葉脈のしわが目立つ
- マルバヤナギは新芽が赤く目立つのでアカメヤナギの名もある（8/18）

マルバヤナギ【丸葉柳】暖
Salix chaenomeloides
ヤナギ科／小高木／関東〜九

河原や湿地、湖畔などの浸水するような場所に生える。細長い葉が多いヤナギ類（p. 31〜32）の中では、比較的丸みの強い葉をもち、蜜腺や托葉も特徴。

- 葉身基部に微突起状の蜜腺がある
- 半円形の托葉がつくことも多い

📝 一口メモ　ウワミズザクラとイヌザクラはバラ科ウワミズザクラ属だが、サクラ属に含める見解もある。

短い枝に葉が集まりやすい1
アオハダ、カマツカ、エゴノキなどの自生種

葉が枝につく様子を観察すると、長い枝（長枝）では葉が互生するが、短い枝（短枝）では葉が束状に集まってつく（束生）木があることに気づく。**アオハダ**が代表的で、成木ほど短枝が発達することがよい見分けポイントになる。

短枝の先に果実をつけたアオハダ（9/18）
樹皮はイボ状の皮目があり、内部は緑色

➡ **アオハダ**【青膚】
Ilex macropoda
モチノキ科／小高木／北〜九
丘陵〜山地の林内に生える。樹皮が薄く、傷つけると緑色の内皮が見えることが名の由来。短枝が特によく発達し、葉が束生する傾向が顕著。

⬆ **ウメモドキ**【梅擬】
Ilex serrata
モチノキ科／低木／本〜九
赤い果実が鮮やかで庭や公園に植えられ、時に丘陵〜山地の林に生える。短枝に葉が束生する傾向は弱い。名は葉などがウメに似るためといわれる。

⬅ **カマツカ**【鎌柄】
Pourthiaea villosa
バラ科／小高木／北〜九
丘陵〜山地の林に生え、稀に庭木にされる。名は丈夫な材を鎌の柄に使うため。牛の鼻輪にも使われたのでウシコロシ（牛殺）の別名もある。初夏に白花を多数つける。

ウメモドキの果実（9/10）

表はふつう軟毛があり、ふわっとした感触

鋸歯は細かく低い

葉はアオハダより細い。裏は有毛または無毛

葉先に近い部分で幅が広くなる

葉先は短く突き出る

葉脈は表で凹み、裏によく突出する。裏はふつう有毛

短枝に数枚の葉が束生する

鋸歯は細かいが鋭い

やや短枝が発達し、葉が束生する

裏は無毛から毛が多い個体まで変異がある

カマツカの果実。果柄にイボ状の皮目がある（11/20）

識別のワンポイント 短枝は主に花実がつく枝に生じ、幼木や幹の根元から出た枝（ひこばえ）では、長枝ばかりのことが多い。

短い枝に葉が集まりやすい2
ボケ、リンゴ類、ジューンベリーなどの庭木

このページでは、庭木にされる外国産種で短い枝（短枝）に葉が集まる傾向があるものを集めた。**ボケ、ハナカイドウ、ヒメリンゴ**は短枝がよく発達し、葉が束生するが、**ジューンベリー**や**リキュウバイ**はやや葉が詰まってつく程度。

ジューンベリーの果実（6/7）と花（4/25）

全縁の葉も多い
ウラ
90%
時に葉先付近に角い鋸歯が出る

➡ ジューンベリー 街
【Juneberry】 Amelanchier spp.
バラ科／小高木／園芸種
北米原産のアメリカザイフリボクやセイヨウザイフリボク、その雑種などの総称で、近年庭木に人気。6月に果実が熟す。本州〜九州に産するザイフリボク（采振木）は葉裏が有毛で、低山の尾根に生える。

90%
ウラ
若葉は両面有毛だが後にほぼ無毛
基部はやや湾入する

⬅ リキュウバイ【利休梅】 街
Exochorda racemosa
バラ科／低木／中国原産
時に庭木にされ、茶花に利用されたことから、名は茶人・千利休にちなむといわれる。全縁の葉と少数の鋸歯がある葉が交じる。別名バイカシモツケ（梅花下野）。

リキュウバイの花（4/5）

先は鈍いか尖る

葉は倒卵形で、裏は葉脈の網目が見える

⬅ ボケ【木瓜】 街
Chaenomeles speciosa
バラ科／低木／中国原産
庭や公園に植えられ、株立ち樹形で樹高1〜2mになる。枝先はトゲになる。栽培品種が多く、樹高50cmほどのクサボケ（本〜九に自生）との雑種も多い。

ボケの花は赤、ピンク、白など（4/1）

90%
ウラ

ハナカイドウの花（4/5）

90%
鋸歯は低い
成葉は両面ほぼ無毛

ヒメリンゴの花。蕾はピンク色（4/13）

⬅ ヒメリンゴ【姫林檎】 街
Malus prunifolia
バラ科／小高木／中国原産
主に寒地で庭木にされる。リンゴ（p.55）の仲間だが、果実は径2.5cm前後と小さい。葉は短枝に束生する傾向が強い。別名イヌリンゴ。

➡ ハナカイドウ【花海棠】 街
Malus halliana
バラ科／低木／中国原産
春にピンク色の花が長い柄に垂れ下がる様子が美しく、庭や公園に植えられる。リンゴの仲間だが結実は稀。葉は短枝に束生する傾向が強い。単にカイドウとも呼ぶ。

若葉は両面に、成葉は裏や葉柄に白毛がある

葉柄がごく短い葉
スノキ類

一見平凡に見える葉でも、葉柄がほとんどなければそれは重要な特徴になる。ブルーベリーを含むツツジ科スノキ属（Vaccinium）は、葉柄が概ね5mm以下と短いことが特徴で、この点で他種と区別できる。果実はいずれも食べられる。

ナツハゼの樹形と花（5/22）

不分裂葉／落葉樹／葉の形状はふつう◉鋸歯縁≦互生

ウラ　100%　かむとすっぱい

オオバスノキ。裏は有毛または無毛

← スノキ【酢木】寒暖
Vaccinium smallii
ツツジ科／低木／北、本、四
山地〜丘陵の林に生え、葉をかむとすっぱいことが名の由来。葉は通常長さ2〜3cmだが、日本海側の個体は5cm前後になり、変種オオバスノキと呼ばれる。

スノキの果実は黒色で角張らない（9/14）

→ ナツハゼ【夏櫨】暖寒
Vaccinium oldhamii
ツツジ科／低木／北〜九
丘陵〜山地の尾根や乾いた林に生え、稀に庭木にされる。葉は長さ3〜8cmでスノキより大きい。名は夏にハゼノキのように葉が赤くなることがあるため。

 100%

鋸歯は細かい毛状で、全縁にも見える

表に硬い毛があり、よくざらつく

ナツハゼの果実。ブルーベリーに似るが、かなり酸味が強い（11/20）

ウスノキの果実は赤く、うす形に角張る（9/14）

紅葉 100%
裏は有毛または無毛
かんでもすっぱくない

→ ウスノキ【臼木】寒暖
Vaccinium hirtum
ツツジ科／低木／北〜九
葉も生育環境もスノキに似るが、葉はやや細長い傾向があり、かんでもほとんどすっぱくない。萼や果実が角張るので、カクミノスノキの別名がある。

┌─ 似ているけど別の仲間 ─┐

ガンピ【雁皮】暖
Diplomorpha sikokiana
ジンチョウゲ科／低木／中部地方〜九
スノキ類と同様に葉柄が短いが、全く別の仲間で、全縁で両面に毛がある点などが異なる。西日本の低山のやせ地などに生え、丈夫な樹皮は和紙の原料に使われることで知られる。

果実
軟らかい感触
70%
ガンピの花は淡黄色で筒状（6/13）

葉はやや厚く光沢がある

→ ブルーベリー 街
【Blueberry】Vaccinium spp.
ツツジ科／低木／園芸種
北米原産の複数種の総称で、ハイブッシュ系やラビットアイ系などがあり、交配種や栽培品種が多い。庭や畑で栽培され、秋の紅葉も鮮やか。

100%
全縁か微鋸歯がある
枝葉は有毛または無毛

ブルーベリーの果実は赤から黒紫色（8/12）

📝一口メモ　常緑樹のシャシャンボ（p.94）も同じスノキ属で葉柄は短め。

Q. この葉、何のくだもの?
バラ科の果樹

すべて 80%

バラ科は果実が食べられるものが多く、多くの果樹がある。ふだん果実に見慣れていても、葉を見る機会は意外に少ないもの。以下のA〜Jの10種類の葉が、右ページ下のどの果物の葉か、あなたはいくつわかる?

《0〜2種:凡人　3〜5種:植物好き　6〜7種:果樹通　8〜10種:果樹博士》

A ── 先広の倒卵形の葉

C ── 大きな葉で、先が糸状になる鋭い鋸歯がある

B ── 先広の細長い葉で、短枝に束生することが多い

D ── バラ科では例外的に全縁の珍しい木

E ── 葉柄は短く、蜜腺があり、葉裏脈沿いとともに有毛

F ── 葉裏や葉柄、若枝に白毛が多い

ウラ

G 長い葉柄の上に蜜腺があり、葉裏脈沿いとともに有毛

H ほぼ円形の葉で、葉柄の上に蜜腺がある

I 細長い葉で、葉柄の上に蜜腺がある

J 葉脈のしわが目立ち、両面に毛が多い

アンズ
中国原産で主に東北地方で栽培される。果実は径3～4㎝でウメより大きく、黄橙色に熟し、主に加工品にされる。

ウメ
中国原産で庭や畑で栽培される。6月頃の未熟果を梅干しや梅酒に使う。アンズとの雑種ブンゴウメも多い。(→ p.47)

サクランボ
植物名はセイヨウミザクラ（西洋実桜）。桜桃ともいう。欧州原産で主に北日本で栽培される。果柄は無毛で初夏に熟す。

スモモ
中国原産で庭や畑で栽培される。果実は初夏に熟し、赤、橙、赤紫などで無毛。プラムとも呼ばれる。(→ p.31)

ダンチオウトウ
中国原産で植物名はシナミザクラ（支那実桜）。暖地牛のサクランボで、花は早春に咲き庭木にされる。果柄は有毛。

ナシ
本州～九州の山地に自生するヤマナシ（写真）を改良したもの。果実は秋に熟す。花は白色で、葉が出る前の春に咲く。

マルメロ
中央アジア原産。北日本で時に栽培され、カリンや西洋カリンとも呼ばれる。果実は有毛で、果実酒やジャムに利用。

モモ
中国原産で庭や畑で栽培される。果実（白桃）は夏に熟し、萼や冬芽とともに毛が多いことが特徴。(→ p.31)

ユスラウメ
中国原産の低木で庭木にされる。径約1㎝の赤い果実が梅雨の頃に熟し、サクランボに似た味で生食やジャムにする。

リンゴ
欧州～西アジア原産で主に寒地で栽培される。果実は秋に熟し、栽培品種が多い。樹皮は不規則にはがれ白っぽい。

大きめの葉が対生する
アジサイ類、タニウツギ類

概ね10cm以上の葉が対生する落葉樹は、アジサイ科**アジサイ属**（Hydrangea）、スイカズラ科**タニウツギ属**（Weigela）、レンプクソウ科ガマズミ属（Viburnum）が代表的で、いずれも低木。ガマズミ類はp.20、p.39、p.59に掲載した。

左は装飾花ばかりのアジサイ。右は原種に近いガクアジサイ（6/21）

→ ガクアジサイ 街 暖
【額紫陽花】Hydrangea macrophylla
アジサイ科／低木／関東南部〜紀伊
暖地の海岸林に稀産する。ヤマアジサイとの交配による多様な栽培品種があり、総称でアジサイと呼ばれ庭や公園に植えられる。名は装飾花が額縁のように花を囲むため。 有毒

両面に毛が多く、よくざらつく

70%

葉は厚く光沢が強い

80%

ガクアジサイの花序。花は小型で中央に集まり、周囲に大きな4弁の装飾花がつく。色は青紫〜ピンク〜白（6/21）

鋸歯の大小も変異が多い

裏にわずかに毛がある以外は無毛

80%

タマアジサイの花と蕾（9/11）

← タマアジサイ 寒 暖
【玉紫陽花】
Hydrangea involucrata
アジサイ科／低木／東北〜近畿
丘陵〜山地の谷沿いに生え、しばしば群生する。葉は特に大型で毛が多い。花は淡紫〜白で、蕾が玉状で目立つことが名の由来。

→ ヤマアジサイ 寒 街
【山紫陽花】Hydrangea serrata
アジサイ科／低木／北〜九
山地の谷沿いに生え、庭木にもされる。花は白〜青色。葉の大小や花色に変異が多く、北日本の個体は葉が大型で濃い青花が多く、変種エゾアジサイと呼ばれる。

ヤマアジサイの花はガクアジサイより小ぶり（7/6）

ウラ

葉はガクアジサイより薄く光沢がない

葉脈沿いや葉脈の分岐点にふつう白毛がある

一口メモ　アジサイの葉を食べると中毒を起こすので要注意。

中くらいの葉が対生する1
ウツギ類、ガマズミ類、レンギョウ類など

葉が長さ5〜10cm前後で対生する落葉樹は、**ウツギ類**や**ガマズミ類**、p.60〜61のムラサキシキブ類やニシキギ類など、低木を中心に多くの種類があり、最も見分けにくいグループの一つ。毛、鋸歯、葉脈などをよく確認したい。

ウツギの花は多数つき目立つ（6/2）　果実（12/16）

葉は楕円形で中央で最も幅広い

両面に星状毛があり、ざらつく

▲ マルバウツギ 暖 寒
【丸葉空木】Deutzia scabra
アジサイ科／低木／関東〜九
主に太平洋側の丘陵〜山地の林に生える。ウツギに似るが、名の通り葉が丸いことが違う。花期はウツギよりひと月前後早い。

葉脈が凹んで目立つ

→ ウツギ【空木】 暖 寒 街
Deutzia crenata
アジサイ科／低木／北〜九
山野の林縁など明るい場所によく生える。時に生垣や庭木。樹高1〜2mの株立ち樹形で枝を垂れ気味に長く伸ばす。名は枝が空洞になるため。花期は5〜7月で別名ウノハナ（卯花）。

鋸歯は小型で独特

花をくらべてみよう

マルバウツギは平開し中央の黄橙色が目立つ（5/1）

ヒメウツギはやや半開き状で花柄は無毛（5/15）

ウツギは半開き状で花柄は有毛（5/21）

バイカウツギは他種と異なり花弁が4枚（6/7）

葉はウツギに似るが、両面ほぼ無毛ですべすべした質感

← ヒメウツギ 寒 暖 街
【姫空木】Deutzia gracilis
アジサイ科／低木／関東〜九
主に山地の渓谷沿いや崖などの岩場に生える。ウツギより花がやや小さいのでこの名があり、花期はひと月前後早い。葉や花、丈が小型のものが庭木にされる。

基部から3〜5本出る長い葉脈が目立つ。両面有毛

やや珍しい木

→ バイカウツギ 寒 暖 街
【梅花空木】Philadelphus satsumi
アジサイ科／低木／本〜九
山地の谷沿いや尾根などに時に生える。花弁に丸みがありウメの花に似ることが名の由来。ヨーロッパ原産種などを交配させたセイヨウバイカウツギが庭木にされる。

鋸歯はウツギより粗い

鋸歯はまばらに小さく突き出る

📝一口メモ 「ウツギ」と名のつく木は、アジサイ科以外にもスイカズラ科などに多くあり、同じ仲間とは限らない。

中くらいの葉が対生する2
ムラサキシキブ類、ニシキギ類など

ムラサキシキブ属（Callicarpa）やニシキギ属（Euonymus）の木は、コナラ・クヌギ林などでよく見られ、いずれも葉が対生する低木で似ている。ムラサキシキブ類は白っぽい冬芽が、ニシキギ類は緑色の枝が見分けポイントになる。

ムラサキシキブの花はピンク色（6/19）

ムラサキシキブ【紫式部】暖 寒
Callicarpa japonica
シソ科／低木／北〜沖
山野の林縁や林内に生える。美しい紫色の果実を平安時代の女性作家・紫式部にたとえたことが名の由来。南日本の沿海地では葉が大型化し、変種オオムラサキシキブと呼ばれる。

コムラサキ【小紫】街 暖
Callicarpa dichotoma
シソ科／低木／本〜九
湿地や川岸に稀に自生するが、庭木としてはふつう。葉が小型なのでこの名があるが、園芸用には「紫式部」の名で出回っていることが多い。枝を垂れ気味に長く伸ばす。

フサフジウツギ 街
【房藤空木】Buddleja davidii
ゴマノハグサ科／低木／中国原産
ブッドレアの名で庭木にされる。時に渓流沿いなどに野生状に生え、自生種とする説もある。花は長い房になってつき、藤（紫）色や白色。

ヤブムラサキ【藪紫】暖
Callicarpa mollis
シソ科／低木／本〜九
山野の林に生え、ムラサキシキブとよく混生するが、葉の両面、枝、萼などにほこりのような毛が多いことが違う。花数は少ない。

[寒][暖][街]
➡ **マユミ**【真弓】
Euonymus sieboldianus
ニシキギ科／小高木／北～九
低地～山地の林や尾根に生え、時に庭や公園に植えられる。花や果実は4数性。ふつう樹高2～5m、時に10mに達し、幹は縦に裂ける。この木で弓を作ったことが名の由来。

果実をぶら下げ、紅葉し始めたマユミ（10/25）

葉は楕円形で、ほぼ中央で最も幅が広い
100%
枝は緑色で4稜がある
ふつう両面ほぼ無毛。裏の脈上に白毛が多いものは変種カントウマユミと呼ばれる
ウラ

ツリバナの花。径8mmほどで花弁は5枚（6/8）

[寒][暖]
➡ **ツリバナ**【吊花】
Euonymus oxyphyllus
ニシキギ科／低木／北～九
丘陵～山地の林内に生え、稀に庭木にされる。清楚な花が長い柄でつり下がって咲くことが名の由来。寒地の個体は葉が大型化し、長さ10cm前後にもなる。

鋸歯は小さいが鋭い。両面無毛
100%
ウラ
葉はやや菱形状でマユミより短い
枝は緑色で稜はない

ニシキギ類の果実をくらべてみよう

ニシキギはふつう2裂または1裂（9/27）

マユミは4裂し、果皮はピンクや赤、白（12/1）

ツリバナは5裂し、果皮は赤い（9/30）

ヒロハノツリバナは4つの翼が顕著（8/2）

50%
コマユミと呼ばれる翼がない個体。葉はやや丸みがある
葉はツリバナより小さく、先広の形
ウラ

ニシキギは紅葉が「錦」のように赤く鮮やかなことが名の由来（12/1）

100%
葉は長さ7～15cmで葉脈のしわが目立ち、先広の形

やや珍しい木

100%

[暖][寒][街]
⬅ **ニシキギ**【錦木】
Euonymus alatus
ニシキギ科／低木／北～九
枝にしばしば板状の翼がつくことが珍しい特徴で、翼が大きな個体が庭木や生垣にされる。自生品は山野の林に生えるが、翼がない個体の方が多く、コマユミと呼ばれる。

枝にコルク質の翼が生じる

[寒]
➡ **ヒロハノツリバナ**
【広葉吊花】
Euonymus macropterus
ニシキギ科／小高木／北、本、四
ツリバナより葉が広いことが名の由来で、標高の高い山地の林に生える。花や果実は4数性で、果実はプロペラ形の翼がある。

不分裂葉 / 落葉樹 / 葉の形状はふつう● 全縁（

カキノキに似た葉
カキノキ類、シラキ、イヌビワなど

カキノキは古くから日本で植えられてきた果樹で、葉は長さ10cm余りの楕円形で鋸歯はなく、樹皮も特徴的で覚えやすい木の一つ。このページでは、カキノキに間違えられることもある全縁の葉を集めてみた。

シラキの紅葉（10/13）と若い果実（6/25）

↓カキノキ 〔街〕〔暖〕陽生
【柿木】Diospyros kaki
カキノキ科／小高木／中国原産
果樹として庭や畑に植えられる。栽培品種が多く、味によって甘柿や渋柿と呼ばれる。しばしば周辺の林に野生化し、野生個体はヤマガキと呼ばれ、果実は径3～5cm程度で小さい。

カキノキの樹皮は網目状に裂けて特徴的

カキノキの果実（9/14）

150%
裏は脈沿いに毛が多い　ウラ

80%
両面無毛で、枝葉をちぎると乳液が出る。ふちが波打つ個体もある

葉はやや厚く光沢が強い

80%

基部はやや湾入し、時に蜜腺がある

葉柄は1cm前後で太く短く、枝とともに褐色の毛が多い

150%
裏は無毛で白みが強い　ウラ

↑シラキ 〔寒〕〔暖〕陽生
【白木】Neoshirakia japonica
トウダイグサ科／小高木／本州～沖
山地～丘陵の林に生える。秋の紅葉は赤～黄色で美しく、稀に庭木にされる。材が白いことが名の由来。樹皮も白っぽく平滑で、縦すじが入る。

葉柄はふつう2～3cmで細い

葉はカキノキより薄く、ふちはしばしば波打つ

←リュウキュウマメガキ 〔暖〕陽生
【琉球豆柿】Diospyros japonica
カキノキ科／高木／関東～沖
海岸～山地の林に生え、稀に栽培。果実は径約2cmと小さく、沖縄や南日本に多い。よく似た中国原産のマメガキは、主に北日本で柿渋を採るために植えられ、時に野生化している。両種ともシナノガキ（信濃柿）とも呼ばれる。

リュウキュウマメガキの果実（11/4）

やや珍しい木

葉柄はふつう2～3cmと長く無毛。マメガキの葉柄は1cm前後で有毛

📝一口メモ　マメガキの葉はカキノキに似るが、やや小ぶりで薄く、光沢が弱く、果実は径1～2cm、樹皮もやや異なる。

イヌビワの果実は黒く熟すと食べられる（8/23）

70%

成木の葉は全縁で大きな卵形

80%

ウラ

珍しい木

幼木の葉は鋸歯があり、細く小型

葉柄は2〜3cmと長め

葉は中央よりやや先側が幅広く、基部が丸くなる独特の形

暖 陽生

← **イヌビワ**【犬枇杷】
Ficus erecta

クワ科／小高木／関東〜沖
海岸〜低山の林縁や常緑樹林によく生える。ビワの名がつくがイチジクの仲間で、花は果実状の花嚢（かのう）の中に咲くので見えず、果実はイチジクを小さくした形。

枝葉をちぎると白い乳液が出る

街 暖 寒 対生

↑ **ヒトツバタゴ**
【一葉たご】
Chionanthus retusus

モクセイ科／小高木／
長野、岐阜、愛知、対馬
限られた地域に稀産する珍種で、何の木か分からなかったため「ナンジャモンジャ」の名もある。和名は単葉のタゴ（トネリコの別名）の意味。時に公園や庭に植えられる。

ヒトツバタゴの花。白い花弁は細く繊細（5/8）

カキノキとだまされる木？

暖 陽生 鋸歯

チシャノキ【萵苣木】
Ehretia acuminata

ムラサキ科／小高木／
中国地方、四、九、沖
葉はカキノキぐらいの大きさで、カキノキダマシの別名もあるが、鋸歯があるので見分けられる。暖地の林縁や道端などに生える。

40%

細かい鋸歯がある

表は有毛でざらつく

樹皮は不規則に裂けてはがれ、ややカキノキに似る

葉先は次第に狭まり尖る

80%

葉は色濃く、よくざらつく

ソシンロウバイの花（12/19）

街 対生

→ **ロウバイ**【蝋梅】
Chimonanthus praecox

ロウバイ科／低木／中国原産
年末年始に咲く花が、ウメに似てろう細工のようなのでこの名があり、庭や公園に植えられる。花の中心が赤紫色のものが本来のロウバイ、中心も黄色いものは品種ソシンロウバイといい、後者が多い。

葉柄は1cm弱で短い

一口メモ　「ナンジャモンジャ」やそれに類する呼び名がある木は各地にあり、エノキやクスノキを指している場合もある。

中型の葉でふちが波打つ
ブナ類、ネジキ

寒地の自然林を構成する代表種の**ブナ**と**イヌブナ**は、葉のふちが波形になり、鋸歯縁とも全縁とも判断しづらいことが特徴で見分けやすい。ブナと葉形が似たものに**ネジキ**があり、こちらは全縁の葉が波打っている。

ブナの樹形と若い果実（5/25）

➡ イヌブナ【犬橅】寒
Fagus japonica
ブナ科／高木／本〜九
ブナと混生もするが、やや低い山地に多い。ブナより材が劣るためこの名があり、葉裏に毛が多く、根元からひこばえがよく出ることがブナとのよい区別点。

➡ ブナ【橅】寒
Fagus crenata
ブナ科／高木／北〜九
冬に雪が積もるような山地に広く生え、ミズナラとともに林をつくる。枝を扇形に広げてケヤキに似た樹形になり、樹高15〜30m前後の大木になる。

ふちは側脈の先端で凹み、波形になることが特徴

冬芽は細長く特徴的。イヌブナも同様

成葉は両面ほぼ無毛

ふちは波形だが、ブナほど顕著ではない

裏は脈上に長い絹毛が多い

➡ ネジキ【捩木】暖 寒
Lyonia ovalifolia
ツツジ科／小高木／本〜九
丘陵〜山地の尾根やマツ林に生え、樹高は2〜7mほど。樹皮の裂け目がねじれることが名の由来。冬芽と枝は冬に赤く色づき、よく目立つ。

両面に伏毛がある

ふちは全縁で不規則に波打つ

ネジキの花は白く釣鐘形（5/29）

冬芽は小豆ほどの大きさ

樹皮をくらべみよう

ブナは白っぽく、地衣類がつきまだら模様になる

イヌブナは暗色で地衣類は少なく、ひこばえが出る

ネジキの幹は細く、縦に裂けて、ややねじれる

識別のワンポイント ブナの樹皮は本来灰色で、白や黒緑色の地衣類（菌類と藻類の共生体）やコケ類がつき、まだらになる。

枝先に3枚の葉がつく
ミツバツツジ類

全縁の葉が枝先に3枚ずつ輪生状につく低木は、**ミツバツツジ**の仲間である。これは短枝に3枚の葉が詰まってつくためで、よく伸びた徒長枝では互生する。ミツバツツジ類は地域ごとに多くの種や変種があり、正確な区別は上級者向け。

不分裂葉　落葉樹　葉の形状はふつう　全縁　互生

花期のコバノミツバツツジ（4/18）
裂開した果実（4/7）

◀ ミツバツツジ　暖 寒 街
【三葉躑躅】Rhododendron dilatatum
ツツジ科／低木／関東〜近畿、四、九
丘陵〜山地の尾根や岩場に生え、庭木にもされる。葉は無毛に近く、葉柄は長め、雄しべは5本。岐阜以西のものは雄しべ10本で若葉に長毛が多く、変種トサノミツバツツジと呼ばれる。

ミツバツツジはこの仲間で唯一雄しべが5本（4/17）

裏はほぼ無毛。葉脈の網目は少し見える

葉柄は1cm前後で長め

裏は白みを帯び、葉脈の網目が目立つ

表は無毛か有毛

葉柄に開出毛か伏毛が多い

▶ コバノミツバツツジ　暖 街
【小葉三葉躑躅】
Rhododendron reticulatum
ツツジ科／低木／中部地方〜九
西日本の低地〜低山のマツ林や尾根によく生え、庭や公園にも植えられる。ミツバツツジより葉がやや小さい。春は紅紫色の花がよく目立ち、雄しべは10本。

▶ トウゴクミツバツツジ　寒
【東国三葉躑躅】
Rhododendron wadanum
ツツジ科／低木／東北〜近畿
山地の尾根や岩場に生える。ミツバツツジにくらべ葉が広く、裏に毛が多く、花色が濃い。よく似たダイセンミツバツツジが中国地方や四国に、その変種ユキグニミツバツツジが本州日本海側に分布する。

トウゴクミツバツツジの花。濃い紅紫色で雄しべ10本（6/3）

葉はミツバツツジより広く、葉脈のしわが目立つ

▶ オンツツジ【雄躑躅】　暖 街
Rhododendron weyrichii
ツツジ科／低木／紀伊、四、九
南日本の低地〜山地の尾根や岩場に生え、時に庭木にされる。ミツバツツジの仲間では葉も丈も大型で、「雄」の名がある。

オンツツジの花は他種と異なり朱色（5/11）

若葉は長毛が多い

主脈基部に長毛がある

裏の主脈基部や葉柄に白〜褐色の毛が密生する

📝 一口メモ　他にも関東南部〜東海にキヨスミミツバツツジ、伊豆にアマギツツジ、九州にサイゴクミツバツツジなどが分布。

枝先に葉が集まる1
低地や街中に見られるツツジ類

枝先にほぼ全縁(ぜんえん)の葉が集まる落葉樹といえば、低木の**ツツジ類**が代表的で、多くの種類がある。山野に最も広く分布する**ヤマツツジ**や、街中によく植えられる**ドウダンツツジ**などから覚えると、他のツツジと比較しやすい。

ヤマツツジの花は赤に近い朱色（5/27）

ドウダンツツジ 街 暖 く 鋸歯
【灯台躑躅】 Enkianthus perulatus
ツツジ科／低木／関東南部～九

庭や生垣によく植えられるが、自生は局所的で低山の岩場に稀産する。秋の赤い紅葉は見事。直線的に分岐する枝ぶりが独特で、これを結び灯台（火をのせる3本脚の台）に見立てたことが名の由来。

ドウダンツツジの花と枝ぶり（4/30）

目立たないが、細かい鋸歯がある

これは鋸歯縁

小型の葉は冬も残る

葉は楕円形で長さ4cm前後

表も毛が多くざらつく

裏や葉柄に金色の毛が多い

ウラ

ヤマツツジ【山躑躅】 暖 寒
Rhododendron kaempferi
ツツジ科／低木／北～九

低地～山地の林に生える最も一般的なツツジ。庭や公園にも植えられるが少ない。枝先に5枚前後の葉が集まり、冬は冬芽の周囲に小さな葉が残る。花は5月前後に咲く。

葉は先広の形

モチツツジの花はピンク色。秋～冬に返り咲きすることも多い（4/22）

両面とも毛が多く、触るとやや粘る

モチツツジ【黐躑躅】 暖 街
Rhododendron macrosepalum
ツツジ科／低木／中部地方～岡山、四

丘陵や低山の林内や尾根によく生える。栽培品種も多く、庭や公園にも植えられる。ヤマツツジに似るが、各部に腺毛が多く粘ることが名の由来。半常緑樹。

1カ所から2～3本の枝がまっすぐ分岐する

やや珍しい木

葉の長さは0.5～2cmほど

ウンゼンツツジ【雲仙躑躅】 暖 寒
Rhododendron serpyllifolium
ツツジ科／低木／東海～九

丘陵～山地の岩場などに生え、盆栽にされる。葉はツツジ類最小で、裏の剛毛が特徴。雲仙岳のある長崎には自生せず、別種のミヤマキリシマが雲仙ツツジと呼ばれている。

花は淡いピンク。白花の変種もある（4/27）

葉裏主脈上に扁平な剛毛がある

冬はこの葉が残る

モチツツジの葉柄の腺毛。毛先から粘液を分泌し粘る

ウラ

📝一口メモ　ドウダンツツジやサラサドウダン（p.68）はドウダンツツジ属で、他の多くのツツジ類（ツツジ属）とは属が異なる。

枝先に葉が集まる２
常緑の園芸ツツジ類

街中で特に多く植えられているツツジは、**ヒラドツツジ、サツキ、クルメツツジ**だろう。ツツジ類は冬も小型の葉が残る種類が多いが、この３種は特に葉がよく残るので常緑樹に近いことや、多様な栽培品種や交配種(こうはいしゅ)があることが特徴。

ヒラドツツジの花は紅紫、ピンク、白など (5/13)

不分裂葉／常緑樹／葉の形状はふつう●／全縁（／互生▼

➡ ヒラドツツジ【平戸躑躅】 街
Rhododendron Hirado Group

ツツジ科／低木／園芸種

ケラマツツジ、タイワンヤマツツジ、モチツツジ、キシツツジなどの交配で生じた栽培品種群。葉は大型で花もツツジ類最大級で、庭、公園、街路によく植えられる。

ヒラドツツジの代表的な栽培品種'オオムラサキ'の花 (4/24)

葉は明るい黄緑色で、長さ4～11cm。冬に残る葉は小型

葉先は腺がある。これは多くのツツジ類に共通する

若葉の両面、成葉の裏や葉柄に腺毛が多く、触るとやや粘る

⬅ リュウキュウツツジ 街
【琉球躑躅】
Rhododendron × mucronatum

ツツジ科／低木／園芸種

モチツツジとキシツツジの雑種で琉球から広まったといわれ、庭木にされる。花はふつう白、時にピンクなど。葉はヒラドツツジよりやや細く小型でしわがある。

花は白色でヒラドツツジより小さく、シロリュウキュウともいう (3/15)

表裏や葉柄に金色の伏毛が多い

越冬する葉は長さ2cm前後で細く小型

➡ サツキ【皐月】 街 暖
Rhododendron indicum

ツツジ科／低木／関東西部～近畿、九州川岸の岩場に稀に生え、庭や公園、街路によく植えられる。葉は小型で細く、よく密集する。花期は5～7月で遅いことが名の由来。サツキツツジともいう。多様な花色の交配種や栽培品種がある。

サツキの原種の花は朱色。栽培品種では紅紫色の花も多い (6/3)

春～夏の葉は長さ3cm前後でやや大きい

➡ クルメツツジ【久留米躑躅】 街
Rhododendron Kurume Group

ツツジ科／低木／園芸種

ミヤマキリシマ、ヤマツツジ、サタツツジなどから生じた栽培品種群。キリシマツツジとも呼ばれ、庭や公園、街路によく植えられる。概して葉はサツキよりやや大きく、花は小型で花期は4月頃。

クルメツツジの花は赤、紅紫、ピンク、白、紫など多様で、花弁が2重になるものも多い (4/17)

先が丸い葉も多い

両面に金色の伏毛がある

越冬する葉はやや小型

葉の形は多様だが、サツキより幅広い楕円形～倒卵形のものが多い

📝 一口メモ　園芸用のツツジ類は多様な栽培品種があり、正確に見分けるのは難しく、呼称も一定していない。

枝先に葉が集まる3
山地に生えるツツジ類

野生の**ツツジ類**は尾根や岩場に多く生え、標高1000m級の山地では、低地から多く生えるヤマツツジ（p.66）やミツバツツジ類（p.65）以外にも、多くの種類が分布している。ここでは山地性ツツジの代表8種を紹介する。

サラサドウダンの紅葉（10/22）と花（5/30）

葉は小判形で、葉脈が凹んで目立つ

葉は先広の形で、ドウダンツツジより明らかに大型

微細な鋸歯がある

葉柄などに長い腺毛が多い

➡ バイカツツジ【梅花躑躅】
Rhododendron semibarbatum

ツツジ科／低木／北〜九
山地〜丘陵の林や岩場に生える。花は葉の下側につき、ウメの花にも似ることが名の由来。小判形の葉と、葉柄に腺毛が多い点で見分けられる。

バイカツツジの花は白色で赤い模様がある（5/27）

➡ サラサドウダン
【更紗灯台】
Enkianthus campanulatus

ツツジ科／低木／北〜九
山地〜高山の尾根や岩場に生え、寒地で庭や公園に植えられる。ドウダンツツジ（p.66）の仲間で、赤いすじが入る花が更紗染めに似ることが名の由来だが、地域によって花の濃淡に変異がある。

葉脈の分岐点に褐色の縮れ毛が生える

葉は長さ1〜3cm

やや珍しい木

➡ コメツツジ【米躑躅】
Rhododendron tschonoskii

ツツジ科／小低木／北〜九
山地〜高山の岩場や草原に時に生える。葉はヤマツツジを小さくした印象で、先はよく尖る。小さな白花を米にたとえたことが名の由来。樹高0.3〜1m。

葉の両面やふちに金色の長毛が多い

ホツツジの花は白〜淡いピンク色（9/13）

コメツツジの花は径約1cmと小型（7/6）

➡ ホツツジ【穂躑躅】
Elliottia paniculata

ツツジ科／低木／北〜九
山地〜丘陵の尾根や岩場に生える。花期は夏〜初秋で、花が穂状につくことが特徴で、他のツツジ類と異なるホツツジ属に分類される。[有毒]

葉は先広の形で、湾曲した長い葉脈がやや目立つ

表はまばらに細毛があり、裏は脈上に白毛がある

枝に翼状の稜がある

📝 一口メモ　ホツツジは葉や花にグラヤノトキシンなどの毒分を含む。

不分裂葉 / 常緑樹 / 葉の形状は特徴的 鋸歯縁<

大型の葉
タラヨウ、バクチノキ、アオキなど

常緑樹は落葉樹にくらべ大型の葉が少ないが、ここでは葉の長さが概ね15㎝前後かそれ以上になるものを集めた。大型だが葉が枝先に集まってつくビワ、タイサンボク、ユズリハ、マテバシイなどはp.84～87で紹介した。

郵便局に植えられたタラヨウと果実（1/23）

➡ **タラヨウ**【多羅葉】
Ilex latifolia
モチノキ科／小高木／東海～九
葉に字が書けるため郵便局のシンボルツリーとされ、郵便局や寺に植えられる。名はインドでお経を書く葉に使われた多羅樹（たらじゅ）に由来する。自生は西日本の沢沿いの岩場だが珍しい。

葉の裏を棒などで傷つけると、数分後に茶色く浮かび上がり、何年も消えない

鋸歯は鋭く硬く、ノコギリシバの別名もある

葉は厚く硬く、両面無毛。葉裏の側脈は不明瞭

鋸歯は鈍く低い

珍しい木

葉はタラヨウより薄く、側脈は両面で見える

➡ **バクチノキ**
【博打木】
Laurocerasus zippeliana
バラ科／高木／関東南部～沖
海に近い常緑樹林に時に生える。樹皮がはがれてオレンジ色のまだら模様になる様子（p.41）を、博打で負けて衣服を奪われた姿に見立てたことが名の由来。

バクチノキの花（9/29）

珍しい木

葉柄上にイボ状の蜜腺が1対ある

➡ **セイヨウバクチノキ**
【西洋博打木】 Laurocerasus officinalis
バラ科／低木／ヨーロッパ～西アジア原産
生垣などに稀に植栽される。蜜腺は葉裏にあるが平らで目立たない。タラヨウ同様に葉裏に字を書くこともできる。

平たい蜜腺がある

側脈がやや見える

📝 一口メモ　植栽されたタラヨウの葉をめくると字が書かれていることがある。

不分裂葉／常緑樹／葉の形状は特徴的　鋸歯縁〈

ふちにトゲのある葉
ヒイラギ類、ヒイラギナンテン類など

ふちにトゲがある葉は、葉が対生するモクセイ科の**ヒイラギ類**と、互生するモチノキ科の**ヒイラギモチ類**、羽状複葉でメギ科の**ヒイラギナンテン類**の主に3グループがある。葉のつき方を確認すれば、これらは簡単に見分けられる。

若い果実をつけたヒイラギ（3/29）
花は晩秋に咲き香りがある（12/2）

➡ ヒイラギ【柊】
Osmanthus heterophyllus
暖／街／対生
モクセイ科／小高木／関東～九
低地～山地の林内に生え、庭木や生垣にされる。若木や剪定された個体の葉はトゲ状の鋸歯があるが、成木では全縁の葉が増える。果実は黒紫色。

- 鋸歯のない葉。先だけトゲになる葉も多い
- トゲ状の鋸歯は大ぶりで鋭く硬く、ふつう3～6対ある
- 隣同士の側脈が繋がり、部屋をつくる
- 裏面の葉脈は不明瞭
- トゲ状の鋸歯は小ぶりで、ふつう6～10対ある
- 対生する点でモチノキ科の類似種と区別できる

※両種とも剪定されていない成木では全縁の葉が増える

⬅ ヒイラギモクセイ
【柊木犀】
Osmanthus × fortunei
街／対生
モクセイ科／小高木／園芸種
ヒイラギとギンモクセイ（p.99）の雑種で、生垣や庭木にヒイラギより多く植えられている。ヒイラギより葉が大きく、トゲ状の鋸歯が多いので区別できる。

トゲ状の鋸歯はふつう2～3対

ヒイラギモチの果実と全縁の葉（11/29）

⬅ ヒイラギモチ【柊黐】
Ilex cornuta
街／互生
モチノキ科／低木／中国原産
ヒイラギに似るが科が異なり、葉は互生し果実は赤い。四角い形が特徴的。ホーリーなどの名で流通しており、別名シナヒイラギモチ、ヤバネヒイラギモチ。

本物のクリスマスホーリーは？

クリスマスシーズンになると、園芸店で「ホーリー」の札がついた木がよく見られる。本場ヨーロッパでクリスマスに飾る「holly」は、ヨーロッパ原産のセイヨウヒイラギだが、暑さに弱いため日本では育てにくく、中国原産のヒイラギモチや、北米原産のアメリカヒイラギの交配種、葉が小さな奄美大島産のアマミヒイラギモチなどがよく出回っている。いずれもモチノキ科で秋～冬に赤い実がなるが、間違えて日本のヒイラギ（モクセイ科）を植えると、初夏に黒い実がなるので要注意。

⬆ サニーフォスター
アメリカヒイラギの交配種で葉は小さく、若葉は黄色い

➡ セイヨウヒイラギ

🖉一口メモ　ヒイラギのトゲは外敵から身を守るためにあると考えられ、自然界でもシカの食害を受けた個体はトゲが増える。

3本の葉脈が目立つ葉
クスノキ科など

主脈が基部で3本に分かれて長く伸びる形を三行脈といい、**クスノキ科**を中心に見られる。クスノキ科の葉は全縁で互生し、ちぎると香りがあり、**シロダモ**のように枝先に葉が集まるものや、**ニッケイ類**のように対生が交じるものがある。

新緑のクスノキ（5/9）と果実（12/25）

➡ クスノキ【樟】
Cinnamomum camphora

クスノキ科／高木／関東～沖

日本一の大木になる木で、街路、公園、神社によく植えられる。本来の自生は九州の低山だが、樟脳生産のためかつて植林されたものが各地で野生化している。葉のダニ部屋が特徴。

クスノキの樹皮。明褐色で縦に短冊状に裂ける

両面無毛で裏は白みを帯びる

300%

三行脈の分岐点にダニ部屋の膨らみが見える

ふちはよく波打つ

90%

葉はやや枝先に集まる

3本の葉脈の分岐点にダニ部屋の入口がある

葉先はヤブニッケイより長く伸びる

葉をちぎるとツンとした樟脳の香りがある

90%

やや珍しい木

ヤブニッケイの樹皮は暗褐色で平滑

三行脈はほぼ平行に長く伸びる

葉をちぎるとシナモンに似た香りがある

➡ ヤブニッケイ【藪肉桂】
Cinnamomum yabunikkei

クスノキ科／高木／本～沖

海岸～低山の常緑樹林によく生える。クスノキやシロダモと違って葉は枝先に集まらず、互生と対生が混在する。ニッケイにくらべると葉の香りは弱い。果実は黒紫色。

ヤブニッケイの葉は枝に均等に並び、コクサギ型葉序（p.39）になる

← ニッケイ【肉桂】
Cinnamomum sieboldii

クスノキ科／高木／沖縄

沖縄の山地や中国の原産で、香辛料の肉桂を樹皮から採るため、時に庭や畑に植えられ、稀に野生化している。葉はヤブニッケイより長い。

葉をちぎるとシナモンに似た強い香りがある

裏はやや白い。両面無毛

三行脈が目立つ。ダニ部屋はない

葉をちぎると弱い香りがある

90%

ウラ

葉は10〜15cm前後で、クスノキやヤブニッケイ、イヌガシより大きい

シロダモの若葉は金〜白色の毛をかぶり目立つ（4/17）

葉をちぎるとよい香りがある

90%

やや珍しい木

冬芽はシロダモより細長い

裏はやや白みを帯び無毛

葉柄は短めで暗褐色の毛がある

ウラ

裏は粉白色で、主脈上や葉柄に金色の毛がある

葉は枝先に集まってつく

暖 昼生

↑ シロダモ【白橿】
Neolitsea sericea

クスノキ科／高木／本〜沖
山野の常緑樹林に生える。タブノキ（p.84）に似て葉裏がより白いので、シロタブの名もある。樹皮は暗褐色で平滑で、粒状の皮目が散らばる。若葉や果実はよく目立つ。

シロダモの果実は赤色（10/31）

暖 昼生

↑ イヌガシ【犬樫】
Neolitsea aciculata

クスノキ科／小高木／関東南部〜沖
低地〜山地の常緑樹林に時に生える。シロダモに似るが全体的に小型。名は樫に似るが役に多立たないという意味。別名マツラニッケイ。

イヌガシの果実は黒色（11/4）

似ているけど別の仲間

70%

これは落葉樹（鋸歯縁）

60%

暖 街 昼生

↑ カクレミノの不分裂葉
庭木や暖地の林に見られるカクレミノ（ウコギ科→ p.111）は、3裂する葉が特徴だが、成木では三行脈が目立つ不分裂葉ばかりになる。クスノキ類より葉の幅が広く、裏は葉脈の網目が見える。

街 昼生 鋸歯

↑ ナツメ【棗】
Ziziphus jujuba

クロウメモドキ科／小高木／中国原産
時に果実や薬用に植えられる。落葉樹だが葉の光沢が強く、三行脈が目立つ。枝は垂れるようにやや長く伸び、トゲがある個体とない個体がある。

ナツメの果実（10/10）

街 暖 昼生 対生

↓ マルバニッケイ【丸葉肉桂】
Cinnamomum daphnoides

クスノキ科／低木／九州
海岸に自生し、稀に生垣や公園樹として植えられる。名の通り、葉先が丸く小型の葉が特徴で、葉の香りや、互生と対生が混在することもニッケイに似る。

90%

珍しい木

ウラ

裏は絹毛が密生する

📝一口メモ　日本一幹が太い木は、鹿児島県蒲生町にあるクスノキ「蒲生の大クス」で、幹周り24.2 m、推定樹齢1500年。

香りのある葉
シキミ、ゲッケイジュ、ミカン類など

常緑樹で香りのある葉は、**シキミ、ミカン科、クスノキ科**（p.74〜76、83〜85）が代表的。これらを見分けるには香りが重要なので、葉をちぎって匂いをかぐ習慣をつけたい。かんきつ類の葉は、果実とほぼ同じ香りがある。

シキミの花（4/4）果実は香辛料の八角に似るが有毒なので注意（10/27）

➡ シキミ【樒】
Illicium anisatum
マツブサ科／小高木／本〜沖
木全体が有毒で、枝葉に芳香があるため、死臭を消し獣を追い払う目的で、墓地や社寺に植えられる。山地〜丘陵の林内に生え、モミ・ツガ林やカシ林に多い。[有毒]

葉脈の分岐点にしばしばダニ室がある
ふちは細かく波打つことが多い
波打たない葉もある
モチノキ（p.96）に似て両面とものっぺりして側脈は不明瞭
ちぎると甘い芳香がある
もむと強い芳香がある

⬅ ゲッケイジュ【月桂樹】
Laurus nobilis
クスノキ科／小高木／地中海沿岸原産
葉はローレル、ローリエなどの名でカレーなどの香辛料にされ、時に庭木にされる。枝葉で作った冠は月桂冠（げっけいかん）と呼ばれ、古代ギリシャでは競技の勝者などに与えられた。

ゲッケイジュの花（4/27）

➡ ミヤマシキミ【深山樒】
Skimmia japonica
ミカン科／低木／北〜九
山地の林内に生え、スキミアの名で庭木にもされる。ふつう樹高1m前後だが、多雪地の個体は樹高50cm以下で変種ツルシキミと呼ばれる。シキミに似て葉や果実は有毒だが、まったく別の仲間。[有毒]

ミヤマシキミの果実（10/14）

葉は5枚前後が枝先に集まってつく
ちぎるとかんきつ系の香りがある
シキミに似て両面とも側脈は不明瞭だが、葉はより細長く、光に透かすと点状の油点が見える
葉は枝先に集まってつく

これは対生

⬅ ローズマリー
【rosemary】
Rosmarinus officinalis
シソ科／小低木／地中海沿岸原産
ハーブとして庭や花壇に植えられ、樹高は1m前後。針葉樹のように細長い葉が対生し、独特の外観で、花はほぼ通年咲く。和名はマンネンロウ（迷迭香）。

葉は線形でふちは裏側に巻く。もむと強い芳香がある

ローズマリーの花は淡紫〜白色（2/22）

一口メモ この他、ランタナ（p.99）も強い芳香があり、トベラ（p.80）はやや臭い匂いがある。

小型の葉
ツゲ、イヌツゲなど

ツゲや**イヌツゲ**をはじめとした葉の長さが概ね2cm以下の木は、生垣や植え込みに植えられることが多い。一見よく似ているが、互生で鋸歯があればモチノキ科のイヌツゲ、対生で全縁ならツゲ科のツゲで、果実の形も分類も異なる。

刈り込まれたイヌツゲの生垣と果実（10/31）

ツゲ【黄楊】
Buxus microphylla var. japonica
ツゲ科／低木／関東～沖
山地の岩場や石灰岩地に生え、生垣や庭木にもされるがイヌツゲより少ない。材は緻密で、くしや印鑑に使われる。

ヒメツゲ【姫黄楊】
Buxus microphylla var. microphylla
ツゲ科／低木／園芸種
ツゲの基準変種で葉が細い。栽培品のみが知られ、時に生垣にされる。別名クサツゲ（草黄楊）。

イヌツゲ【犬黄楊】
Ilex crenata
モチノキ科／小高木／北～九
低地～山地の林内に生え、刈り込んで庭木や生垣、公園樹として植えられる。名はツゲより材質が劣るためだが、植栽利用は本種の方がずっと多い。

マメツゲ【豆黄楊】
Ilex crenata f. bullata
モチノキ科／低木／園芸種
イヌツゲの品種で、葉が反り返ることが特徴。庭木や生垣に植えられる。別名マメイヌツゲ。

ボックスウッド【Boxwood】
Buxus sp.
ツゲ科／低木／園芸種
ツゲに近縁な栽培品種と考えられ、葉は大きく明るい色で質は薄い。生垣や庭、公園に植えられる。別名スドウツゲ。一般にセイヨウツゲとも呼ばれる。

ハクチョウゲ【白丁花】
Serissa japonica
アカネ科／低木／中国原産
ツゲに似るが葉はやや細く、葉柄の基部に針状の托葉がつくことが違い。花は白～淡紫色で、丁字形に見えることが名の由来。生垣や庭木にされる。

クフェア【Cuphea】
Cuphea hyssopifolia
ミソハギ科／小低木／メキシコ原産
和名メキシコハナヤナギ。樹高50cm程度で、草質の細い葉が対生することが特徴。庭や花壇などに植えられる。

ベニシタン【紅紫檀】
Cotoneaster horizontalis
バラ科／小低木／中国原産
庭木や盆栽にされ、樹高1m以下で幹は匍匐することが多い。別名シャリントウ。本種の仲間はコトネアスターと呼ばれ、他にも複数種が植栽される。

ツゲやイヌツゲの植栽個体は樹高1～2mのものが多いが、自生個体は5m以上にもなる。

赤い果実をつける小低木
ヤブコウジ類、センリョウなど

お正月飾りにされる「万両」や「千両」は、赤い実が多数つき、昔は高値で取引されたといわれ、お金にちなむ名がついている。同様に、樹高1m以下の小低木で赤い実がつき、「百両」「十両」「一両」と呼ばれる木を紹介しよう。

果期のマンリョウ（1/3）と花（7/9）

↙ カラタチバナ【唐橘】
Ardisia crispa

サクラソウ科／小低木／関東～沖
別名「百両」。山野の林内に時に生え、庭木にされる。樹高20〜70㎝ほどで、細長い葉が枝先に集まってつく。白実や黄実などの栽培品種もある。

↙ ヤブコウジ【藪柑子】
Ardisia japonica

サクラソウ科／小低木／北～九
別名「十両」。低地〜山地の林内によく生え、時に庭木にされる。樹高10〜20㎝で地下茎を出し群生する。葉は枝先に輪生状につく。

80%　粗い鋸歯が目立つ　80%

独特の波状の鋸歯がある

葉はアオキ（p.71）に似るが、やや細く小型

ふちはほぼ全縁だが、葉粒と呼ばれる粒が並ぶ

ややしわが目立つ

80%

トゲ

葉は2〜3㎝前後

90%

大小の葉が1対おきにつく

↑ マンリョウ【万両】
Ardisia crenata

サクラソウ科／小低木／関東～沖
常緑樹林内に生え、よく庭木にされる。ひょろっと伸びた幹に丸く葉を密集させる樹形が特徴的。樹高0.4〜1m前後。

↑ センリョウ【千両】
Sarcandra glabra

センリョウ科／小低木／関東～沖
常緑樹林内に生え、よく庭木にされる。樹高0.5〜1m前後で、葉は枝先に十字対生する。果実はふつう赤〜朱色で、黄色の品種キミノセンリョウもある。

葉柄は短い

↑ アリドオシ【蟻通】
Damnacanthus indicus

アカネ科／小低木／関東～沖
別名「一両」。常緑樹林内に生え、樹高50㎝前後。葉の基部にトゲがある。変異が多く、トゲが葉の2分の1より短いものは変種オオアリドオシと呼ぶ。

果実をくらべてみよう

マンリョウの果実は葉の下に多数つき、径7mm前後（1/3）

センリョウは10〜20個前後つき、径6mm前後（10/27）

カラタチバナは10個前後ずつつき径約7mm（12/31）

ヤブコウジは5個以下ずつつき、径約6mm（12/16）

アリドオシは1〜2個ずつつき、径5mm前後（4/7）

枝先に葉が集まる1
シャリンバイなど生垣に多い低木

低木性の常緑樹で生垣にされるものには、枝先に葉が集まってつくものが多く、まったく別の科でも外見がよく似てまぎらわしい。**マサキ**は対生、それ以外は互生で、鋸歯の有無や葉裏の葉脈を確認すると見分けやすい。

花期のシャリンバイ（5/11）

ウバメガシ【姥目樫】
Quercus phillyreoides
ブナ科／小高木／関東南部〜沖
海に近い岩場や低山に時に生え、生垣や庭木に多い。カシ（p.88）の仲間だが葉も丈も小型で樹高2〜8m。名は「海辺樫」が変化したとする説がある。材は硬く、備長炭にされる。

ウバメガシの花（4/24）

鋸歯は低く目立たない。稀にほぼ全縁

若枝や葉柄は褐色の星状毛が密生

裏ははじめ褐色の星状毛があり、成葉はふつう無毛。葉脈の網目は不明瞭

葉先はふつう鈍い

トベラ【扉】
Pittosporum tobira
トベラ科／低木／本〜沖
海岸林〜低山の岩場などに生え、公園や庭にも植えられる。枝葉を折るとやや臭みがあり、節分に魔除けとして枝を扉に飾る風習が名の由来。

トベラの花は白から黄色に変わり、芳香がある（5/19）

葉先は丸い

日なたの葉は裏に巻く

マサキ【柾】
Euonymus japonicus
ニシキギ科／低木／北〜沖
海岸の林に生え、生垣や庭木にされる。葉が対生する点で類似種と見分けられる。斑入りなどの栽培品種が多い。名は「真青木」から変化したといわれる。

枝は緑色

裏は細かい葉脈の網目がやや見える

マサキの果実は4裂して朱色の種子を出す（12/23）

裏の葉脈は不鮮明

潮風に強い海岸性の常緑樹は、大気汚染にも強い樹種が多く、都市部の植栽によく用いられる。

枝先に葉が集まる2
ヤマモモ、モッコクなどやや細長い葉

枝先に葉が集まる常緑樹のうち、小高木（しょうこうぼく）以上になり、細長い葉をもつ木の代表種が、**ヤマモモ、ホルトノキ、モッコク**などである。特にヤマモモとホルトノキは外観がよく似て混同されやすいので、しっかり見くらべてみよう。

ヤマモモの街路樹。果実は径1〜2cm（6/19）

➡ **ヤマモモ**【山桃】 暖 街 全縁 鋸歯
Morella rubra
ヤマモモ科／高木／関東南部〜沖
海に近い林や低山に生え、庭や公園、街路にも植えられる。雌株は果実をつけ食べられるが、モモとは異なる仲間。樹皮は灰色で縦すじが入る。幼木の葉は粗い鋸歯がある。

- 葉は先広の細長い形
- 全体に鈍い鋸歯がある
- 若木はしばしば葉裏の主脈が赤みを帯びる
- 時に鋸歯が少数ある葉も交じる
- 成木の葉はふつう鋸歯がない
- 主脈は赤くならない

⬅ **ホルトノキ**【ほるとの木】 暖 街 鋸歯
Elaeocarpus zollingeri
ホルトノキ科／高木／関東南部〜沖
葉も生育環境や植栽利用もヤマモモに似るが、葉に必ず鋸歯がある。名はオリーブ（p.98）を指す「ポルトガルの木」の意味で、果実が似て誤認したことによる。別名モガシ（茂樫）。

ホルトノキの果実は長さ約2cmで青黒く熟す。赤く紅葉した葉が常に少数交じることが特徴（10/12）

➡ **モッコク**【木斛】 暖 街 全縁
Ternstroemia gymnanthera
サカキ科／小高木／関東南部〜沖
海に近い常緑樹林内に生える。樹形が整うことから庭木の王様ともいわれ、よく植えられる。名は、ランのセッコク（石斛）に花や香りが似ているためといわれる。

- 葉はへら形で先は鈍い
- 葉脈は不明瞭
- 葉柄はワインレッドに色づくことが多い

モッコクの花と枝ぶり（7/10）

📝 一口メモ　サカキ科はモッコク科とも呼ばれるが、サカキの仲間の方が種類が多いので、本書ではサカキ科を採用した。

不分裂葉 常緑樹 枝先に葉が集まる 互生 全縁

枝先に葉が集まる3
タブノキ、マテバシイ、ユズリハなど

枝先に葉が集まる常緑樹で、間違えやすい木の代表が、**タブノキ**と**マテバシイ**である。科は異なるが、いずれもやや大きな先広の葉で、都市部によく植えられる。葉裏、枝先の芽、葉の香りも区別点になるので、よく見くらべてみよう。

公園に植えられたタブノキ。春の花期は、赤みを帯びた大きな冬芽が開き、よく目立つ（4/1）

♦ マテバシイ 街 暖
【馬刀葉椎】Lithocarpus edulis
ブナ科／高木／関東〜沖
公園や街路、工場などに植えられる他、薪炭用に植林されたものが野生状に見られる。本来は九州以南の尾根などに自生。長いどんぐり（p.91）をつけ、名はマテガイや馬刀という刀に葉やどんぐりが似るためといわれる。

花をつけたマテバシイの街路樹（6/17）

先は少し突き出る
ウラ

♦ タブノキ【椨木】 暖 街
Machilus thunbergii
クスノキ科／高木／本〜沖
暖地の常緑樹林を構成する主要種で、海岸〜低山に生える。樹高5〜30mで大木にもなる。老木の樹皮は網目状に裂けてくる。葉は大小の変異がある。

裏は白みを帯びる。ちぎるとツンとした香りがある

タブノキの果実（7/23）

先は少し突き出る。中央より葉先側で幅が最大

90%

ウラ

裏は金色を帯び、側脈がやや浮き出る。香りはない

中央より葉先側で幅が最大

90%

枝に稜がある

枝先の冬芽は小さい

枝先に大きな冬芽が1個ある

樹皮をくらべてみよう

マテバシイは平滑で白っぽく、縦すじが入る

タブノキはイボ状の皮目が散らばり次第に裂ける

84

枝先に葉が集まる4
シャクナゲ類、タイサンボク、ビワなど

枝先に葉が集まる常緑樹で、葉裏が有毛で褐色〜金色なら、**シャクナゲ類**、**タイサンボク**、**ビワ**などがまず考えられる。南日本では他にハマビワ（クスノキ科）やヤマビワ（アワブキ科）も葉裏に褐色の毛が生える。

セイヨウシャクナゲ'太陽'の花（4/13）。シャクナゲ類は枝先の大きな芽も特徴

ホンシャクナゲ【本石楠花】
Rhododendron japonoheptamerum

ツツジ科／低木／中部地方〜九
山地の尾根や岩場に生え、花が大きく美しいので庭木にされる。葉裏に褐色の毛が密生し、紀伊、四国、九州に分布するものは特に毛が厚く、変種ツクシシャクナゲと呼ばれる。 有毒

ホンシャクナゲの花はピンク〜白。花冠はふつう7裂し、雄しべは14本。（4/10）

セイヨウシャクナゲ
【西洋石楠花】 Rhododendron spp.

ツツジ科／低木／園芸種
国内外のシャクナゲ類を交配させて主にヨーロッパで改良された栽培品種の総称。花が大きく鮮やかで、葉裏は淡緑色のものが多い。街中に植えられるシャクナゲ類は本種が多い。 有毒

葉の形状は栽培品種によって異なる

若い葉ほど白く、古い葉ほど色濃くなる傾向がある

葉が非常に細長いことが特徴

ツクシシャクナゲの葉裏。毛が厚く密生しスポンジ状になる。色の濃淡は変異がある

アズマシャクナゲの葉裏。毛が密生するがスポンジ状にはならない

毛が密生しスポンジ状になる。表はややしわがある

↑ アズマシャクナゲ
【東石楠花】
Rhododendron degronianum

ツツジ科／低木／東北〜中部地方
関東周辺の山地の尾根や岩場に生え、時に庭木にされる。花は5裂し、雄しべ10本。 有毒

↑ ホソバシャクナゲ
【細葉石楠花】
Rhododendron makinoi

ツツジ科／低木／静岡、愛知
山地に稀産し時に庭木。別名エンシュウシャクナゲ。 有毒

一口メモ　シャクナゲ類は葉などにグラヤノトキシンなどの毒分を含み、食べると吐き気や呼吸困難を引き起こすことがある。

⬅ **タイサンボク** 街 全縁
【泰山木】 Magnolia grandiflora
モクレン科／高木／北米原産
葉裏に金色の毛が密生する大きな葉と、ホオノキ（p.15）に似た大きな花が特徴で、その様子を中国の泰山に見立てたことが名の由来という。庭や公園に植えられる。

タイサンボクの花は径20cm前後（6/21）

葉は硬く、やや反り返る

裏は金色を帯びた褐色の毛が密生する

枝を1周する托葉痕の線がある

葉先は尖り、腺がある

やや珍しい木

葉は硬く、側脈がしわになり目立つ

裏は褐色の縮れ毛が密生する

鋸歯は粗いものや低いものがある

両面無毛で、葉脈は不明瞭

カルミアの花と葉（6/1）

➡ **カルミア**【Kalmia】 街 全縁
Kalmia latifolia
ツツジ科／低木／北米原産
和名をアメリカシャクナゲといい、シャクナゲとアセビ（p.81）の中間のような外見。樹皮は縦に裂けてアセビに似る。花はこんぺい糖のような五角形で、白、ピンク、赤などで、時に庭や公園に植えられる。

ビワの花は冬に咲く（12/27）

➡ **ビワ**【枇杷】 街 暖 鋸歯
Eriobotrya japonica
バラ科／小高木／中国原産
果樹や庭木として植えられ、暖地の林内に野生化したものも見られる。初夏に黄橙色の果実が熟す。葉は大型で、お茶やお灸、湿布など民間療法でよく利用される。

📎 一口メモ　タイサンボクに似て葉がやや小さく薄く、裏が白いものに、ヒメタイサンボクやミヤマガンショウがあり、稀に植栽される。

どんぐりのなる常緑樹
日本産カシ類全種

ブナ科コナラ属（Quercus）のうち常緑樹を一般に**カシ**と呼ぶ。カシ類は暖地の林を構成する主要種で、葉はやや細長くて鋸歯があるものが多く、側脈が平行に並び、枝先にやや集まってつく。日本に自生する全9種を紹介しよう。

ビル街に植えられたシラカシと果実（10/30）

アラカシの花と若葉。カシ類の花は黄緑色でひも状に垂れ下がってつき、春に咲くが、華やかさはない（4/16）

↓アラカシ【粗樫】
Quercus glauca
ブナ科／高木／本〜沖
西日本に多いカシの代表種で、低地〜山地の林ややせた土地によく生え、時に庭や公園にも植えられる。葉はシラカシより広い倒卵形で、粗い鋸歯があるが、葉形に変異が多い。

↓シラカシ【白樫】
Quercus myrsinifolia
ブナ科／高木／本〜九
関東地方に多いカシの代表種で、低地〜山地の林や岩場に生え、街路や公園、庭に植えられることも多い。葉裏がやや白いが、名は材が白いため。

↓ウラジロガシ【裏白樫】
Quercus salicina
ブナ科／高木／本〜九
山地〜低地の林に生える野生のカシの代表種で、植えられることは稀。葉はシラカシに似るが、葉裏がより白く、鋸歯が粗い。落ち葉は裏面の白さがより顕著。

裏は灰白色〜金色を帯びた淡緑色で、細かい毛が生える

葉の先半分に大きぶりな鋸歯がある

鋸歯は低く、やや鈍い

鋸歯はシラカシより鋭い

裏はろうをぬった質感で白〜緑白色

葉の最大幅は中央〜先寄り

裏は淡緑色でほぼ無毛

ふちはやや波打ち、シラカシより葉はやや薄い

葉は長さ3〜6cmで先は丸い

←ウバメガシ
小高木。葉はカシ類最小で、枝先に顕著に集まってつく。
→ p.80

シラカシの樹皮。黒褐色で縦すじが入る。アラカシ、ウラジロガシも同様

→オキナワウラジロガシ
【沖縄裏白樫】Quercus miyagii
ブナ科／高木／奄美、沖縄
亜熱帯の谷沿いの林に生える。ウラジロガシに似るが、葉はより長く、時にほぼ全縁。どんぐりは日本最大級（p.91）。

葉の裏が金色を帯びる
シイ類など

ブナ科**シイ属**（Castanopsis）や**グミ科**の葉は、裏が光沢のある褐色、すなわち金色っぽく見えることが特徴。シイ類は暖地の林を構成する主要種で、鋸歯のある葉とない葉が混在する。常緑のグミ類はp.37に掲載した。

花期のスダジイ。樹冠がもこもこしたクリーム色に染まり、遠くからも非常に目立つ（5/20）

樹皮をくらべてみよう

ツブラジイの樹皮は平滑で、縦のうねが多少ある

スダジイの樹皮は縦にはっきりと裂ける

鈍い鋸歯のある葉と、全縁の葉が、同じぐらい混在する

裏は金色〜淡褐色を帯び、色の濃淡は変異がある

全縁の葉。葉の長さは6〜15cm

枝はやや太い

ツブラジイの花（5/19）

暖／街／全縁／鋸歯
➡ **スダジイ**【すだ椎】
Castanopsis sieboldii
ブナ科／高木／本〜沖
海岸〜低山の照葉樹林をつくる代表種で、タブノキやカシ類と混生する。時に公園樹や庭木。枝葉はツブラジイより大ぶりで、果実は細長い（p.91）。名の由来は不明。別名イタジイ（板椎）。

暖／全縁／鋸歯
➡ **ツブラジイ**【円椎】
Castanopsis cuspidata
ブナ科／高木／東海〜九
スダジイとともに「シイ」と呼ばれ、低山〜海岸の照葉樹林をつくる。スダジイより果実が丸く小さいことが名の由来で、枝もより細く、葉も薄く小型なのでコジイ（小椎）の名もある。

金〜銀色の鱗状毛が密生する

暖／街／全縁
➡ **グミ類**
低木〜つる性で葉は全縁。
→ p.37

葉は倒卵形で裏はやや金色を帯びる

シリブカガシの花は秋に咲く（9/26）

暖／全縁
➡ **シリブカガシ**【尻深樫】
Lithocarpus glaber
ブナ科／高木／東海〜九
カシ類やシイ類とは異なるマテバシイ（p.84）の仲間で低山に生える。どんぐりの底が凹むことが名の由来。葉はマテバシイを短くした印象。

やや珍しい木

全縁の葉と鋸歯縁の葉が混在する。葉の長さは5〜10cm

枝は細い

裏は金色〜淡褐色を帯びる

一口メモ　スダジイとツブラジイの雑種もあり、しばしば中間型が見られる。

どんぐりの背くらべ
主なブナ科樹木の果実

白バック画像はすべて100%

ブナ科の果実は、硬い殻に包まれた堅果がお碗状の殻斗に覆われ、一般にどんぐりと呼ばれる（ただし通常はクリ、ブナ類、シイ類を除く）。形や大きさは個体差が大きいが、どんぐりだけでもある程度の樹種を見分けられるので、見くらべてみよう。

堅果は三角錐形

ブナ

● ナラ類 と マテバシイ類 は殻斗がうろこ状、カシ類 は横しま模様。ウバメガシは例外で、カシ類だがうろこ状でナラ類に近縁。ブナ類 と シイ類 は殻斗が堅果全体を覆う。
● 春に開花し2年目の秋に熟すどんぐりは、クヌギ、アベマキ、ウバメガシ、ウラジロガシ、オキナワウラジロガシ、アカガシ、ツクバネガシ、マテバシイ類、シイ類。他は1年目の秋に熟す。

堅果はほぼ球形で日本最大級にもなる

殻斗はイソギンチャクのような長い鱗片がある

クヌギ

堅果。クヌギのどんぐりとほぼ同じ

アベマキ

長い雌しべのあとが残る

鱗片は細長く尖る

カシワ

コナラより大型で色濃い

ミズナラ

大型でふつう微毛がある

ナラガシワ

細身で明るい色

コナラ

愛知県周辺などに生える珍種。どんぐりは大型で先が凹む

モンゴリナラ

両端が尖る形

ウバメガシ

日本最大のどんぐりで、大きなものは長さ4cmになる

オキナワウラジロガシ

同じアラカシでも長短の変異が多い。左は沖縄産の変種アマミアラカシ

アラカシ

カシ類最小級。ウラジロガシのどんぐりもよく似る

シラカシ

殻斗は軟毛で覆われる。ツクバネガシのどんぐりもよく似る

アカガシ

頂部に微毛がある

イチイガシ

堅果は砲弾のような長い形

マテバシイ属の堅果は底が凹む

マテバシイ

シリブカガシ

堅果は長い楕円形

スダジイ

シイ属の堅果は、皮状の殻斗に全体を覆われ、バナナのようにむけて堅果が落ちる。クリに似た味で生食可能

堅果は円形に近い

ツブラジイ

不分裂葉｜常緑樹

葉の形状はふつう●｜互生｜鋸歯縁＜

カシに似た鋸歯縁の葉
ツバキ、カナメモチ、ナナミノキなど

葉が中くらい（長さ10cm内外）の大きさで鋸歯がある常緑樹といえば、カシ類（p.88）が代表的だが、このページではカシ類以外のよく似た葉を集めてみた。葉や鋸歯の形、葉裏、枝や芽などを観察して、総合的に区別しよう。

植栽されたツバキの樹形。花は赤色で半開き状（2/2）。ユキツバキの花は平開する

【暖】【街】
↓ **カナメモチ**【要黐】
Photinia glabra
バラ科／小高木／東海～九
乾いた低山などに生える。若葉が赤みを帯びるためアカメモチの名もあり、生垣にされるが、近年はレッドロビンに置き換わっている。樹皮は細かく割れる。

【街】
↓ **レッドロビン**
Photinia × fraseri 'Red Robin'
バラ科／小高木／園芸種
カナメモチと南日本産のオオカナメモチを交配して作られた栽培品種で、若葉がまっ赤に色づく。ベニカナメモチなどと呼ばれ、生垣に多用される。

【暖】【街】
↓ **ヤブツバキ**【藪椿】
Camellia japonica
ツバキ科／小高木／本～沖
海岸～山地の林に広く生え、庭や公園、街路に植えられる。多雪地には低木状のユキツバキ（雪椿）が分布する。八重咲きや多様な花色の栽培品種も多く、総称でツバキと呼ばれる。

鋸歯は小さいが鋭い

90%

葉はやや硬い質感で先広の形。両面無毛

90%

葉は厚く幅広い。「厚葉木」が名の由来ともいわれる

ウラ　90%

裏は葉脈が少し見える

ウラ

葉柄に鋸歯が入り込むことが多い

やや若い葉。葉はカナメモチより大きく幅広い

葉先はわずかに凹む

葉柄はカナメモチより長く、鋸歯は入り込まない

枝葉は無毛。ユキツバキの葉柄は有毛

チャノキの花（12/2）

【街】【暖】
→ **チャノキ**【茶木】
Camellia sinensis
ツバキ科／低木／中国～インド原産
若葉を茶葉に利用するため、畑や庭で栽培され、生垣にもされる。人里近い林内に野生化もしている。樹高1m前後。

90%

葉脈がくぼんでしわになる

ウラ

レッドロビンの花と若葉（5/3）

鋸歯のある小型の葉
ヒサカキ、サザンカ、ハイノキ類など

葉の長さが5cm前後で鋸歯があるものを集めた。このうち、ヒサカキ、ハマヒサカキ、サザンカ、カンツバキは葉先がわずかに凹むことがよい区別点。右ページのハイノキ科の木は、主に西日本に分布する。

ヒサカキの花（3/27）と果実（11/9）

サザンカ【山茶花】　街　暖
Camellia sasanqua
ツバキ科／小高木／四、九、沖
南日本の常緑樹林内に生え、各地で生垣や庭木にされる。葉はツバキより明らかに小さく、花は平開し1枚ずつ花弁が散ることが違い。ピンク花や八重咲きの栽培品種も多い。

ヒサカキ【姫榊】　暖　街　Eurya japonica
サカキ科／小高木／本～沖
低地～山地の林内に生え、社寺や庭、公園にも植えられる。サカキ（p.97）と同様に神事に使う地方も多く、サカキより葉が小さいので「姫サカキ」、あるいは「非サカキ」が由来といわれる。

カンツバキ【寒椿】　街
Camellia × hiemalis
ツバキ科／低木／園芸種
サザンカとヤブツバキの雑種と思われる栽培品種群で、花や葉の形状は両者の中間的。'勘次郎'と'獅子頭'が生垣によく植えられる。

シャシャンボ【小小坊】　暖　街
Vaccinium bracteatum
ツツジ科／小高木／関東南部～沖
低地～低山の尾根や乾いた林に生え、時に庭木にされる。樹皮は赤みを帯び縦にはがれる。名は小さな丸い果実を意味する方言。

シャシャンボの果実は食べられる（11/20）

ハマヒサカキ【浜姫榊】　街　暖
Eurya emarginata
サカキ科／低木／関東南部～沖
名の通り海岸に生え、生垣や庭木、街路樹にされる。葉はヒサカキより丸みが強く、枝に密に並んでつく。

ハマヒサカキの果実と花（12/25）

ハイノキ【灰木】 暖 寒 街
Symplocos myrtacea

ハイノキ科／小高木／近畿～九

山地のモミ・ツガ林や岩場などに時に生え、近年は時に庭木にされる。ハイノキ科の木はアルミニウムを多く含み、灰を染め物の媒染剤に使うことが名の由来。

ハイノキの花（4/24）

クロキ【黒木】 暖
Symplocos kuroki

ハイノキ科／小高木／中国地方、四、九

分布は西に偏るが個体数は多く、低地～低山の林によく生える。樹皮は平滑で縦すじがあり、黒っぽいことが名の由来。

クロキの花（3/21）

クロバイ【黒灰】 暖
Symplocos prunifolia

ハイノキ科／小高木／関東南部～沖

低地～低山の尾根や乾いた林に時に生える。初夏に樹冠いっぱいに白花をつけ、非常に目立つ。名は葉が黒っぽいため。樹皮は黒褐色でイボ状の皮目が多い。

花期のクロバイ（5/7）

細長い葉とトゲが特徴

ピラカンサ 街 暖
Pyracantha spp.

バラ科／低木

庭木や生垣にされ、時に山野に野生化している。秋～冬に赤～オレンジ色の実をつけ目立つ。葉は細長いへら形で束になってつき、枝にトゲがある点で比較的見分けやすい。「ピラカンサ」はトキワサンザシ属の学名で、西アジア原産のトキワサンザシ、ヒマラヤ原産のカザンデマリ（ヒマラヤトキワサンザシ）、中国原産のタチバナモドキの主に3種があるが、雑種も多く、見分けにくい場合がある。

カザンデマリの果実は赤～赤橙色(1/10)

✏️一口メモ　ハイノキ科の常緑樹は、他にミミズバイ（p.83）、カンザブロウノキ（p.71）、シロバイ（西日本に稀）などがある。

全縁でのっぺりした葉
モチノキ類、サカキ、イスノキなど

全縁で葉脈が見えにくい葉の代表格はモチノキで、ここではモチノキ類と類似種を集めた。ただし幼木では鋸歯が出るものも多い。この他、よく似たネズミモチ（p.98）は葉が対生し、シキミ（p.76）は葉に香りがあるので区別できる。

モチノキの自然樹形と雄花（3/8）

幼木の葉は細かい鋸歯が多数ある

➡ **モチノキ**【黐木】暖 街
Ilex integra

モチノキ科／小高木／本〜沖
海岸〜低山の林に生え、庭や公園に植えられる。特に関東地方に多い。樹皮から鳥もち（鳥を捕まえる粘液）を採ったことが名の由来。モチノキ類の樹皮は白っぽく平滑。

両面とも側脈は見えない

幼木や勢いよく伸びた枝の葉は、鋭い鋸歯が少数出る

暖 街
⬅ **クロガネモチ**【黒鉄黐】
Ilex rotunda

モチノキ科／高木／関東〜沖
西日本に多く、海に近い常緑樹林に生え、庭や街路、公園に植えられる。モチノキより葉が広く、葉脈が多少見える。名は若枝などが黒く色づくため。

両面とも側脈が少し見える

若枝や葉柄はふつう黒紫色を帯びる

若い果実

果実をくらべてみよう

クロガネモチの果実は径約6mmで密集する（3/9）

ソヨゴの果実は径約8mmで長い柄がある（1/2）

モチノキの果実は径約1cmでややまばら（11/19）

葉柄は時に黒紫色を帯びる

時に少数の鋸歯が出る

裏は葉脈が見える

葉は小判形

ふちは波打つ。幼木では時に少数の鋸歯が出る

イスノキにできた虫こぶ。大きいものは長さ10cmにもなる（11/11）

暖 寒 街
⬅ **ソヨゴ**【冬青】
Ilex pedunculosa

モチノキ科／小高木／本〜九
丘陵〜山地のやせたマツ林や尾根に生え、時に庭木にされる。葉が風にそよぐ様子から名づけられたといわれる。

暖 街
➡ **イスノキ**【柞】
Distylium racemosum

マンサク科／高木／関東南部〜沖
南日本に多く、低地〜山地の常緑樹林に生え、生垣に植えられる。枝葉に大小の虫こぶがよくつくことが特徴。果実は褐色で径約1cm。樹皮は赤みを帯びる。

虫こぶ

📝 一口メモ　イスノキの虫こぶは5種類以上見られ、主にアブラムシ類が寄生することでできる。

葉が対生する常緑樹
ネズミモチ、クチナシ、キンモクセイなど

葉が対生する常緑樹は少なく、**ネズミモチ**や**キンモクセイ**などのモクセイ科や、**クチナシ**やハクチョウゲ（p.78）などのアカネ科が代表的。他にはアオキ（p.71）、サンゴジュ（p.71）、センリョウ（p.79）、マサキ（p.80）などがある。

ネズミモチの花。円錐花序につく（6/8）

← ネズミモチ【鼠黐】 暖 街 全緑
Ligustrum japonicum
モクセイ科／低木／関東～沖

海岸～低山の常緑樹林内によく生え、生垣や公園樹にも植えられる。葉がモチノキに似て、果実がネズミの糞に似ることが名の由来。樹高2～5mほどで、樹皮は白っぽく、皮目が点在する。

ウラ　100%
側脈は不鮮明で、光にかざしても見えない

対生する点でモチノキ（p.96）などと明瞭に区別できる

葉はネズミモチより一回り大きく薄い

ウラ　100%
側脈はやや明瞭で、光にかざすとよく見える

← トウネズミモチ【唐鼠黐】 街 暖 全緑
Ligustrum lucidum
モクセイ科／小高木／中国原産

ネズミモチにくらべ葉が大きく、側脈がよく見え、樹高も10m近くになる。生垣や公園樹にされ、都市近郊でよく野生化している。

果実をくらべてみよう

ネズミモチは楕円形　　トウネズミモチはほぼ球形

← オリーブ【olive】 街 全緑
Olea europaea
モクセイ科／小高木／地中海沿岸原産

庭木や果樹として植えられ、果実からオリーブオイルが採れる。葉は乾燥地に適応した硬い質感で、硬葉樹と呼ばれ、日本の照葉樹とは雰囲気がやや異なる。

ナギの実は白粉をかぶった球形で、径約1.5cm（7/22）

果実をつけたオリーブ（8/25）

ウラ
やや珍しい木

← ナギ【梛】 暖 街 全緑
Nageia nagi
マキ科／高木／紀伊、四、九、沖

広い葉をもつイヌマキと同じ針葉樹の仲間。海に近い林や低山に稀に生える。熊野権現のご神木とされ、しばしば神社に植えられる。樹皮ははがれてまだら模様になる。

100%
多数の葉脈が平行に走る点でネズミモチなどと異なる

両面に鱗状毛があり、青白く見える

ウラ　100%

裏は白みが強い

分裂葉 / 落葉樹 / 対生 / 鋸歯縁〈

対生で5～9裂の葉
カエデ類（イロハモミジ類など）

分裂葉が対生するなら**カエデ類**（ムクロジ科カエデ属 =Acer）と思ってよい。カエデ類の中でも、7裂前後に深く裂け、身近に多く見られるのが**イロハモミジ**、**オオモミジ**、**ヤマモミジ**で、これらが一般に「モミジ」と呼ばれている。

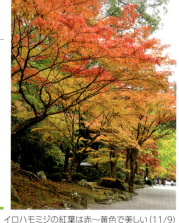

イロハモミジの紅葉は赤～黄色で美しい（11/9）

80%／鋸歯はふつう細かい単鋸歯

紅葉／80%／鋸歯は大小2重の重鋸歯

イロハモミジの花（4/4）

オオモミジの若い果実。熟すと褐色になり、回転して落ちる（9/1）

葉は7裂、時に5裂し、裂片は細い

葉柄は赤～緑色。他種も同じ

寒 暖 街 ←オオモミジ【大紅葉】
Acer amoenum var. amoenum
ムクロジ科／小高木／北～九

イロハモミジより葉が一回り大きく、山地～丘陵に生え、庭や公園によく植えられる。鋸歯は細かく、紅葉は赤や黄色。春～夏も葉が赤紫色の栽培品種はノムラモミジと呼ばれる。

暖 寒 街 ↑イロハモミジ
【以呂波紅葉】 Acer palmatum
ムクロジ科／小高木／本～九

丘陵～山地の林に生え、庭や公園、社寺、街路によく植えられる代表種。葉はカエデ類最小級で、裂片をイロハと数えたことが名の由来。別名タカオカエデは京都の高雄にちなむ。

イロハモミジの樹皮は縦すじが入る。他種も同様

葉は7裂、時に9裂。裂片はふつう太いが、形に変異が多い

黄葉 80%

寒 街 ↓ヤマモミジ【山紅葉】
Acer amoenum var. matsumurae
ムクロジ科／小高木／北、本

オオモミジの変種で、日本海側に分布し、重鋸歯が目立つことが違う。イロハモミジ、オオモミジ、ヤマモミジを交配させた栽培品種も多数作られている。

寒 ↓コミネカエデ【小峰楓】
Acer micranthum
ムクロジ科／小高木／本～九

山地のミズナラ林などに生え、葉は3～5裂し、さらに深い鋸歯がある独特の形。高山に生えるミネカエデより葉が小さいのでこの名がある。紅葉は赤～朱色。

鋸歯は大小2重の重鋸歯だが、時にオオモミジなどと見分けにくい

葉は9裂か7裂で、裂片はやや太い

80% ／ 日本海側の木

紅葉 80%／裂片の先は長く伸びる。ミネカエデは伸びない

大きな重鋸歯が目立つ

紅葉

100

対生で7〜13裂の丸い葉
カエデ類（ハウチワカエデ類）

カエデ類の中でも、切れ込みの数が最も多いのは**ハウチワカエデ類**。葉はほぼ円形で、9〜11裂するものが多い。ハウチワカエデ類4種の中では、**コハウチワカエデ**が特に個体数が多く、ブナ林には**ハウチワカエデ**も多い。

様々な色が交じるハウチワカエデの紅葉（11/2）

分裂葉 落葉樹 対生 鋸歯縁

葉は7〜9裂し、比較的鈍い重鋸歯がある

ウラ 80％

裏は基部に毛がかたまる。これはハウチワカエデ類共通

葉柄は葉身の1/2より長く、有毛

↑ コハウチワカエデ【小羽団扇楓】寒
Acer sieboldianum
ムクロジ科／小高木／本〜九
丘陵〜山地の林に生え、樹高5〜10m前後になる。葉は形に変異が多いが、毛が多く、葉柄が比較的長いことが特徴。別名イタヤメイゲツ（板屋名月）。

葉は9〜11裂し、切れ込みは比較的浅い。葉脈が凹んでやや目立つ

80％ 重鋸歯はやや鋭い

ウラ

葉柄は葉身の1/2より短く、有毛

紅葉 80％

葉はふつう11〜13裂し、やや横長の葉形になる

重鋸歯はやや鋭い

ハウチワカエデの花。若葉は垂れ下がる（4/13）

↑ ハウチワカエデ【羽団扇楓】寒 街
Acer japonicum
ムクロジ科／小高木／北、本
主に山地のブナ林に生え、寒地では庭木にもされる。葉はハウチワカエデ類最大で径10cm前後、天狗の羽団扇のように見える。別名メイゲツカエデ（名月楓）。

葉柄は葉身の1/2より長く無毛

↑ オオイタヤメイゲツ【大板屋名月】寒
Acer shirasawanum
ムクロジ科／高木／本、四
主に太平洋側の山地に時に生え、ブナと林をつくる。切れ込みの数は日本産樹木で最多。名はコハウチワカエデより葉が大きく、枝葉を広げる様子を板屋根に、丸い葉を満月にたとえたため。

切れ込みの基部にすき間ができやすい

粗い重鋸歯が目立つ

80％

→ ヒナウチワカエデ【雛団扇楓】寒
Acer tenuifolium
ムクロジ科／小高木／本〜九
山地のミズナラ林などに生えるが少ない。葉はハウチワカエデ類最小で、ヤマモミジに似るが切れ込みが多い。紅葉はふつうオレンジ色。

やや珍しい木

対生で主に5裂する葉
カエデ類（ウリハダカエデなど）

対生で5裂する葉は、広い五角形状の**ウリハダカエデ**や、本土産カエデで唯一鋸歯がない**イタヤカエデ**（7裂も多い）が代表的。山地には他に**カジカエデ**、コミネカエデ（p.100）、アサノハカエデ、テツカエデなども分布する。

ウリハダカエデの紅葉は赤〜黄色（10/19）

ウリハダカエデ【瓜膚楓】
Acer rufinerve　ムクロジ科／小高木／本〜九

山地〜低地の林に生える。樹皮（p.41）は緑色で、ウリのように黒い縦しまが入り、菱形の皮目がある。葉は浅く3〜5裂し、カエデ類の中では大型。

ウリハダカエデの果実。プロペラ形の翼がカエデ類の特徴（9/19）

葉裏の葉脈の分岐点などに茶色い毛が生える

葉柄はウリハダカエデよりやや長い

ホソエカエデ【細柄楓】
Acer capillipes

ムクロジ科／小高木／関東〜近畿、四

ウリハダカエデに似るが、葉柄や花柄が細長く、葉裏は無毛。丹沢・富士・八ヶ岳周辺の山地に多く、紅葉は赤紫〜オレンジ色。

葉柄は緑色か赤みを帯びる

葉は5〜3裂し、大きな鋸歯がある

カジカエデ【梶楓】
Acer diabolicum

ムクロジ科／高木／本〜九

山地の林に点在する。葉はカナダ国旗のサトウカエデ（砂糖楓）に似た形で、紅葉はふつう黄色。

イタヤカエデ【板屋楓】
Acer pictum

ムクロジ科／高木／北〜九

山地〜低地の林に生え、時に公園などに植えられる。葉は5〜7裂し、葉形や毛の量に変異が多く、エンコウカエデ、オニイタヤなど7亜種に細分化される。名は枝葉が広がる様子を板屋根にたとえたため。紅葉は黄色。

亜種オニイタヤは切れ込みが浅く、裏は全体有毛

エンコウカエデの幼木は切れ込みが深い

ふちはやや波打つが、鋸歯はない

最も多く見られる亜種エンコウカエデ（猿猴楓）。葉は中ほどまで裂け、裏はふつう基部のみ有毛

一口メモ　日本で見られる全縁のカエデは、イタヤカエデ、沖縄に生えるクスノハカエデ、植栽のトウカエデ。

対生で主に3裂する葉
カエデ類（トウカエデなど）

対生で3裂する葉は、やや小型の葉をもつ**カエデ類**が中心で、幼木や勢いよく伸びた徒長枝では切れ込みが深く、成木ほど切れ込みが浅いことが多い。寒地の湿地では、粗い重鋸歯があるカラコギカエデや**カンボク**も自生する。

東京都心のトウカエデの街路樹（9/11）

分裂葉／落葉樹／対生

← **ウリカエデ**【瓜楓】寒 暖 鋸歯
Acer crataegifolium
ムクロジ科／小高木／本〜九
山地〜低地の林に点在する。緑色に薄く縦すじが入る樹皮が名の由来。紅葉はオレンジ〜黄色、時に赤。

低い鋸歯がある　70%

若木の葉は浅く3〜5裂するが、成木はほぼ不分裂の葉が多い

→ **トウカエデ**【唐楓】街 全緑 鋸歯
Acer buergerianum
ムクロジ科／高木／中国原産
暖地でも赤〜黄色によく紅葉し、性質も丈夫なため、街路や公園に植えられ、盆栽にもされる。「唐」は中国を指す。

紅葉 70%
葉形に変異があり、刈り込まれた木ほど切れ込みが深く、鋸歯も目立つ

ふつうはほとんど鋸歯はない

ウラ
裏は粉白色を帯びる
3本の葉脈が目立つ

裏は黄緑色で、葉脈の分岐点に茶色い毛がある

ウリカエデの花（4/22）

トウカエデの樹皮は粗く縦にはがれる

→ **ハナノキ**【花木】街 暖 寒 鋸歯
Acer pycnanthum
ムクロジ科／高木／長野、岐阜、愛知
湿地などに稀産し、時に街路や公園に植えられる。紅葉は赤〜黄色で美しい。カエデの仲間だが花が目立つことが名の由来。別名ハナカエデ。

ハナノキの花は赤色で芽吹き前に咲く（3/28）

珍しい木

ウラ
裏は粉を吹いたように白い
粗い重鋸歯がある
葉柄は赤く長い
ふつう3裂するが切れ込みの深さは変異がある
70%

カエデそっくりの葉

カンボク【肝木】寒 街 鋸歯 全緑
Viburnum opulus
レンプクソウ科／低木／北、本
山地の湿地周辺などに生えるガマズミの仲間。葉は3裂し対生する。初夏にアジサイに似た白花が咲き、冬は赤い果実が目立つ。花序が球形になる品種テマリカンボクが庭木にされる。

35%
ふつう不規則な鋸歯がある

テマリカンボクの花は手毬状につく（5/9）

💬一口メモ　トウカエデは日本で5番目に多い街路樹。ハナノキは愛知県の街路樹に多く、県木に指定されている。

対生で大型の分裂葉
キリ、キササゲなど

長さ20cm前後かそれ以上の浅く裂ける葉には、対生の**キリ**、三輪生の**キササゲ**がある。特にキリの幼木の葉は、日本で見られる樹木としては最大級になる。よく似たクサギ（p.16）の葉は裂けることはない。

キリの花は淡紫色（5/20）。果実（12/26）

成木の葉は全縁だが、幼木ではしばしば鋸歯や突起状の歯牙が出る

若葉 25%

ウラ 25%

裏は星状毛や腺毛などが密生し、しばしば粘る

葉は長さ15〜40cm、幼木では時に60cmに達する。若木は浅く3〜5裂する

表は有毛

← キリ【桐】
Paulownia tomentosa

キリ科／高木／中国原産

桐のタンスが有名で、日本一軽い木材として庭や畑に植えられ、各地で林縁や道端に野生化もしている。成木の葉（p.16）は不分裂だが、若い木では浅く切れ込み五角形状になる。

羽状に3〜7裂する

25%

裏は白い綿毛が密生する

↗ カシワバアジサイ【柏葉紫陽花】
Hydrangea quercifolia

アジサイ科／低木／北米原産

庭木にされる。葉は長さ20cm前後と大きく、カシワやオーク類に似て羽状に裂けて独特。花は白色で、大きな円錐形の花序につく。

カシワバアジサイの花（6/21）

葉は長さ20cm前後でふつう浅く3裂し、時に5裂する葉や不分裂の葉もある

40%

やや珍しい木

ウラ 20%

裏は無毛に近い

キササゲの花は淡黄色（8/5）

葉裏に蜜腺があり紫色に見える

キササゲの果実。長さ30cm余りでササゲに似る（9/26）

← キササゲ【木大角豆】
Catalpa ovata

ノウゼンカズラ科／小高木／中国原産

時に庭や畑に植えられ、河原などに野生化もしている。葉はふつう三輪生することが特徴で、細長い果実は薬用にされる。

一口メモ　稀に植えられる北米原産のアメリカキササゲは、葉裏全体に軟毛があり、不分裂葉が多く、花は白色。

互生で大型の分裂葉2
スズカケノキ類、ユリノキ、ヤツデなど

スズカケノキ類（プラタナス）や**ユリノキ**、**アオギリ**などは、街路や公園によく植えられ、どれも特徴的な葉形なのでよく観察すれば見分けやすい。同じく大型の分裂葉のハリギリやフヨウは、「モミジに似た葉」（p.108）で紹介した。

モミジバスズカケノキの街路樹。丸い集合果が2〜3個ずつぶら下がる。スズカケノキは3〜7個、アメリカスズカケノキは1〜2個（1/10）

落葉 20%　切れ込みは深い　珍しい木

スズカケノキの葉。ヨーロッパ〜西アジア原産で植栽は稀

20%　切れ込みは浅い　やや珍しい木

アメリカスズカケノキの葉。北米原産で時に植栽がある

➡ モミジバスズカケノキ 街 鋸歯
【紅葉葉鈴懸木】Platanus × acerifolia
スズカケノキ科／高木／園芸種

スズカケノキとアメリカスズカケノキの雑種で、街路や公園に植えられる。大木にもなるが、強く枝を切られた個体が多い。果実が修験者のかける鈴に似ていることが名の由来。スズカケノキ類は総称でプラタナスと呼ばれる。

モミジバスズカケノキの樹皮は白や灰緑色、褐色のまだら模様（p.41）

黄葉 50%

切れ込みの深さは両親の中間程度

葉は大きな横広形で3〜5裂し、ふちは粗い鋸歯がある

葉柄は冬芽を包み込む（葉柄内芽）

50%　他に類を見ない葉形で見分けやすい

ユリノキの花はチューリップに似る（4/15）

ユリノキの樹皮は褐色で、縦に溝状に裂ける

ユリノキは縦長の樹形になる

黄葉 25%

切れ込みが多い葉や浅い葉など変異がある

⬅ ユリノキ【百合木】 街 全縁
Liriodendron tulipifera
モクレン科／高木／北米原産

街路や公園に植えられ、大木になる。葉は4裂か6裂し、先が平ら〜凹む形が独特で、Tシャツのような葉形。名は、学名にユリの意味があるため。英名はチューリップツリー。

ふちに鋸歯があり、時に浅く切れ込む

葉は厚く光沢が強い

🟧暖 🟦街 ⟨鋸歯

← **ヤツデ**【八手】
Fatsia japonica

ウコギ科／低木／関東〜沖

海岸〜丘陵の林内に生え、庭や公園にも植えられる。手のひら形の大きな葉が名の由来だが、実際は9裂する葉が多い。「天狗の羽団扇（うちわ）」の別名もある。

ヤツデの花は球形に集まってつき、晩秋〜初冬に咲きハエやアブがよく集まる（12/3）

50%

成木は7〜11裂し、径20〜40㎝。幼木では3〜5裂の小型の葉も多い

裏はほぼ無毛

これは常緑樹

🟦街 🟧暖 ⟨全縁

↓ **アオギリ**【青桐】
Firmiana simplex

アオイ科／小高木／東海〜紀伊、四、九、沖

公園や街路に植えられ、南日本では海岸林にも生える。若い幹が緑色で、キリのように葉が大きいのでこの名がある。戦時中は種子をコーヒーの代用にした。

アオギリの樹皮は緑色で、老木ほど褐色化する

葉は3〜5裂したフォーク形状で、長さ15〜30㎝

50%

アオギリの果実。種子をのせて風に舞う（8/5）

🟦街 ⟨鋸歯

↓ **カミヤツデ**【紙八手】
Tetrapanax papyrifer

ウコギ科／低木／中国原産

かつて幹の髄をスライスして紙（通草紙（つうそうし））をつくるために栽培され、現在は野生化したものが暖地の集落周辺や林縁で見られる。葉はヤツデより明らかに大きく、裏は褐色の星状毛が密生する。

10%

裂片の先がさらに2裂する

葉は7〜9裂し、径40〜80㎝

これは常緑樹（珍しい木）

葉身の基部はせり出す

葉柄は長さ30㎝前後と長い

互生でモミジに似た葉
モミジバフウ、フヨウ、キイチゴ類など

ここに紹介した葉は、一見どれもモミジ類（p.100）に似るが、葉が互生することを確認すれば、別の仲間であることが分かる。**キイチゴ類**は、低木で枝葉にトゲが多いことが特徴（カジイチゴは例外でトゲがない）。

モミジバフウの街路樹。下は果実（12/27）

➡ **モミジバフウ**【紅葉葉楓】街
Liquidambar styraciflua
フウ科／高木／北中米原産
暖地でも赤〜黄色に鮮やかに紅葉し、街路や公園によく植えられる。幹は直立して樹皮は縦に裂け、狭長な三角樹形になる。名はモミジの葉に似たフウ（p.110）の意味。別名アメリカフウ。

モミジバフウの枝には、しばしば板状の翼がつく

黄葉 25%

イタヤカエデ（p.102）に似るが、細かい鋸歯があることが違い

葉は5裂し、ふつうは整った形

裂片がやや切れ込むものなど葉形に変異がある

紅葉 50%

➡ **フヨウ**【芙蓉】街
Hibiscus mutabilis
アオイ科／低木／中国原産
庭や公園に植えられ、暖地では河原や道端に時に野生化している。花はピンク〜白で、八重咲きの品種スイフヨウ（酔芙蓉）もよく植えられる。

フヨウの花は径10cm前後で夏〜秋に咲く（9/24）

ハリギリの枝の刺

➡ **ハリギリ**【針桐】寒暖
Kalopanax septemlobus
ウコギ科／高木／北〜沖
山地〜低地の林に生える。若い枝や幹にトゲがあり、葉や材がキリに似ることが名の由来。幹は縦に裂け大木になり、林業関係者はセンノキ（栓木）と呼ぶ。

ちぎるとウコギ科特有の匂いがある

葉は径15〜30cmでふつう7裂し、時に切れ込みが深い個体もある

50%

葉はふつう5裂し、切れ込みはやや浅い

鋸歯は鈍い

裏や葉柄は星状毛や腺毛が多く、やや粘る

裏はほぼ無毛のものから、毛が多いものまで変異がある

分裂葉／落葉樹／互生・鋸歯縁＜

互生で主に3裂（鋸歯縁）
フウ、ムクゲ、ズミなど

互生、鋸歯縁できれいに3裂する葉といえば**フウ**が代表的だが、それ以外は形に変異があるものが多い。**ムクゲ**や**ズミ**、クワ・コウゾ類（p.112）、キイチゴ類（p.109）、スグリ類などは、不分裂〜5裂まで多様な葉形が見られる。

ムクゲの花はピンク〜紫や白で夏に咲く（8/7）

フウ【楓】街
Liquidambar formosana
フウ科／高木／中国原産
主に西日本で街路や公園に植えられる。トウカエデ（p.103）に似て葉は3裂するが、鋸歯があり互生する。「楓」の字は日本ではカエデとも読むが、中国ではフウ類を指す。別名タイワンフウ。

ムクゲ【木槿】街
Hibiscus syriacus
アオイ科／低木／中国原産
ハイビスカスと同じ仲間で、庭や公園、街路に植えられる。幹はよく分岐し、上方に枝を直線的に伸ばす独特の樹形。葉は3裂状〜菱形状の不分裂まで変異が多い。

ズミ【酸実】寒
Malus toringo
バラ科／小高木／北〜九
湿地周辺や山地の林に生え、稀に庭木にされる。径1cm弱の赤くすっぱい実が名の由来。3裂状の葉と不分裂葉が混在する。リンゴの仲間で、コリンゴ、コナシ、ミツバカイドウなど別名が多い。

コゴメウツギ
【小米空木】Neillia incisa
バラ科／低木／北〜九
丘陵〜山地の林縁や林内に生え、やや垂れるように枝を伸ばす。花が割れた米のように小さいことが名の由来。葉形は3裂状〜不分裂まで変異がある。

識別のワンポイント　ズミによく似たエゾノコリンゴは、不分裂葉のみで果実がやや大きく、北海道〜中部地方の湿地周辺に生える。

互生で主に3裂（全縁）
ダンコウバイ、カクレミノなど

互生、全縁で主に3裂する葉は種類が少なく、**カクレミノ、ダンコウバイ、シロモジ、ウリノキ**、アカメガシワ（p.105）、アブラギリ類（p.105）などに限られる。いずれも不分裂葉もしばしば見られ、カクレミノのみが常緑樹。

新緑のダンコウバイ。花は早春に咲く（3/28）

シロモジ【白文字】 寒 暖
Lindera triloba
クスノキ科／低木／中部地方〜九
丘陵〜山地の林に時に生える。ダンコウバイに似るが葉先が尖るので容易に区別できる。クロモジに対する名だが、特に枝が白いわけではない。

ダンコウバイ【檀香梅】 寒 暖
Lindera obtusiloba
クスノキ科／低木／関東〜九
丘陵〜山地の林に生え、樹高2〜6m。先割れスプーンのような3浅裂の葉形が独特で、ハート形の不分裂葉も交じる。クロモジ（p.38）の仲間で、花実はクロモジに似る。

シロモジの花（4/24）

ウリノキの花。筒状の花弁が反り返る（6/18）

ウリノキ【瓜木】 寒 暖
Alangium platanifolium
ミズキ科／低木／北〜九
山地〜丘陵の林内に生える。葉がウリに似ることが名の由来。通常浅く3〜5裂するが、西日本には深く5〜7裂する個体もあり、変種モミジウリノキと呼ばれる。

カクレミノ【隠蓑】 暖 街
Dendropanax trifidus
ウコギ科／小高木／関東〜沖
海に近い常緑樹林内に生え、庭や公園に植えられる。名は樹形を天狗の隠蓑にたとえたため。幼木の葉は深く裂け、成木は不分裂葉（p.75）が増える。

庭木の樹形

いろいろな形に裂ける葉
クワ類、コウゾ類、イチョウなど

クワ類や**コウゾ・カジノキ類**の葉は、幼い木ほど複雑に3〜5裂し、若木はシンプルな2〜3裂、成木では不分裂葉が増えるため、いろいろな葉形が見られる。モミジイチゴ（p.109）やノブドウ（p.139）も多様な葉形が見られる。

ヤマグワの葉。下は雄花（4/14）

ヤマグワ【山桑】 暖 寒
Morus australis
クワ科／小高木／北〜沖
低地〜山地の林縁や原野などによく生える。葉は幼木ほど切れ込みが深く、成木では大半が不分裂。マグワとともに「クワ」と呼ばれ、果実は食べられる。

マグワ【真桑】 暖
Morus alba
中国原産
かつて養蚕用に里山で栽培され、時に河原などに野生化している。

やや珍しい木

ヒメコウゾ【姫楮】 暖
Broussonetia monoica
クワ科／低木／本〜九
低地〜山地の林縁に生え、かつてコウゾ（p.17）とともに和紙の原料として栽培された。葉形に変異があり、クワ類に似るが、葉柄が短く、葉の質感や形も異なる。

- 葉先はマグワより長く伸びる
- 90%
- ヤマグワより丸みがあり、光沢が強い葉が多い
- 40%
- 幼木では複雑に深裂する葉も多い
- 若木では中ほどまで3裂した葉が多い
- 葉柄は長さ2〜6cm
- 先は長く伸びる
- 鋸歯は小ぶりで、側脈は縁取りのようにつながる
- 90%
- ヤマグワにくらべ、葉は薄い紙質
- 40%
- 成木の葉は不分裂葉が多いが、若木では複雑に裂ける
- ウラ 30%
- 葉柄はふつう長さ1cm前後

果実をくらべてみよう

ヤマグワは雌しべが糸状に残る（6/12）

マグワは雌しべが残らない。クワ類は赤〜黒熟（6/8）

ヒメコウゾはオレンジ色で径1cmほど（6/18）

カジノキの果実は径2〜3cmと大型（6/25）

識別のワンポイント ヤマグワとマグワの交配種もあり、時に見分けにくい個体がある。ヒメコウゾとコウゾの境界も時に曖昧。

手のひら状の葉
トチノキ、コシアブラ、ウコギ類など

1カ所から5枚以上の小葉が手のひら状に出た葉を、掌状複葉と呼ぶ。掌状複葉の葉をもつ日本の樹木は非常に少なく、**トチノキ**と**ウコギ科**（7種）、つる植物のアケビとムベ（ともに p.142）に限られる。

トチノキの黄葉（10/30）。冬芽は大型で粘る

黄葉 50%

小葉はふつう7枚あり、長さ40cmにも達する

トチノキの果実。種子はクリに似る（11/4）

トチノキの花は白色。大きな円錐花序につく（6/4）

← トチノキ【栃木】
Aesculus turbinata
ムクロジ科／高木／北～九
山地の谷沿いに生え、大木になる。日本産樹木最大の掌状複葉で、同じ環境に生える単葉のホオノキ（p.15）と間違えやすい。花は主要な蜜源で、種子はあく抜きして栃餅などが作られる。街路や公園にも植えられる。

鋸歯は低く鈍い

粗く尖った重鋸歯がある　50%

小葉に柄はない

トチノキの若木の樹皮。老木は不規則にはがれる

→ ベニバナトチノキ【紅花栃木】
Aesculus × carnea
ムクロジ科／小高木／園芸種
ヨーロッパ原産のセイヨウトチノキ（マロニエ。日本での植栽は稀）と北米原産のアカバナトチノキの雑種。花が鮮やかで、葉も樹高もやや小型なので、よく街路樹や庭木にされる。

ベニバナトチノキの花は紅色（5/17）

一口メモ　外国産種ではニンジンボクやブラックベリーも掌状複葉をもつ。

3枚セットの葉
タカノツメ、メグスリノキ、マメ科など

3枚の小葉がセットになった葉を3出複葉といい、日本の樹木で3出複葉をもつものは、**ハギ類**を除くとかなり少なく見分けやすい。3出複葉と羽状複葉の両方が見られるキイチゴ類はp.119、3出複葉のつる植物はp.143を参照。

鮮やかなタカノツメの黄葉（11/6）と冬芽

← ミツバウツギ【三葉空木】
Staphylea bumalda
ミツバウツギ科／低木／北〜九
山地の谷沿いなど湿った場所に生える。若葉や蕾は山菜になり、直線的に伸びる枝は箸に利用される。

鋸歯は細かい

側小葉は丸みの強い形で、柄はほとんどない

ミツバウツギの果実はハートを逆さにした形（6/2）

↓ メグスリノキ【目薬木】
Acer maximowiczianum
ムクロジ科／高木／本〜九
山地に稀に生えるカエデの仲間で、サーモンピンクの紅葉が美しく、時に庭木にもされる。樹皮を煎じた汁が目薬に利用される。別名チョウジャノキ（長者木）。

メグスリノキの果実はカエデ類特有の形（7/7）

鋸歯は鈍く低い

↑ タカノツメ【鷹爪】
Gamblea innovans
ウコギ科／小高木／北〜九
丘陵〜山地の尾根や岩場に生え、若葉は山菜にもなる。名は冬芽の形に由来し、冬芽や白く平滑な樹皮はコシアブラ（p.115）と似る。黄葉した葉は甘く香ることがある。

鋸歯は小さく目立たない

葉をちぎるとウコギ科特有の香りがある

小葉の先半分に大きな鋸歯がある

紅葉ははじめ紫色、後にピンク〜赤色になり鮮やか

やや珍しい木

紅葉 70%

↑ ミツデカエデ【三手楓】
Acer cissifolium
ムクロジ科／高木／北〜九
山地の谷沿いなどに時に生える。カエデの仲間だが、名の通り葉は3つに分かれる。初夏に黄色い花を総状にぶら下げる。

葉柄は長く、赤みを帯びることが多い

葉柄はやや短く、葉裏の主脈沿いとともに剛毛が多い

草と木の中間的なハギ類

秋の花として知られるハギ類は、根元から細い幹を多数出し、樹高1〜2mになるが、冬に地上部の大半が枯れるものが多く、木と草の中間的な性質といえる。身近に見られるハギ類には、よく植えられるミヤギノハギをはじめ、山野に生えるヤマハギ、ツクシハギ、マルバハギ、キハギ（右）などがあり、萼や葉の毛を確認しないと区別しにくいものも多い。

ミヤギノハギの葉。先は尖り、裏は伏毛が密生し白いことが特徴

花期のミヤギノハギ。長く垂れる樹形が特徴（9/14）

マルバハギは丸い小葉と短い花序が特徴（9/22）

花期のヤマハギ。枝はあまり垂れない（10/3）

➡ キハギ【木萩】
Lespedeza buergeri

マメ科／低木／本〜九
丘陵〜山地の林や岩場に生える。ハギ類の中では最も幹が木質化し、樹高2m前後になる。

キハギの花は白と赤紫色（9/14）

先は尖る
ふちは波打つことが多い

➡ カラタチ【枳殻】
Citrus trifoliata

ミカン科／低木／中国原産
果実は薬用や果実酒にされ、枝に大きなトゲが多いので、昔は生垣によく植えられたが、近年は減った。葉はアゲハチョウの食草。

カラタチの果実とトゲ（10/16）

鋸歯は鈍く低い
やや珍しい木
葉柄に翼がある

↓ ウンナンオウバイ【雲南黄梅】
Jasminum mesnyi

モクセイ科／低木／中国原産
オウバイに似るが、常緑樹で葉が2倍程度大きく、花も径4cm前後で大きい。別名オウバイモドキ。枝は長く垂れる。ジャスミンの仲間だが花に芳香はない。

ウンナンオウバイは花期も葉がある（4/7）

常緑樹だが葉色は明るい
これは常緑樹
ウラ
葉柄や枝に稜がある。これはオウバイも同じ

↑ オウバイ【黄梅】
Jasminum nudiflorum

モクセイ科／低木／中国原産
庭木にされ、枝は長く垂れる。花は径2cm前後、花期に葉はない。葉が似たエニシダ（マメ科）は互生。

小葉の長さ1〜4cmの小さな3出複葉

↑ アメリカデイゴ【亜米利加梯梧】
Erythrina crista-galli

マメ科／小高木／南米原産
南国の花木として、関東以南で庭や公園に植えられる。別名カイコウズ（海紅豆）。小葉が卵形の栽培品種がよく植栽され、マルバデイゴとも呼ばれる。

葉柄や葉の裏にトゲが数個ある
葉は光沢があり、両面無毛

アメリカデイゴの花（4/16）

一口メモ　沖縄で植栽されるデイゴは、アメリカデイゴより小葉が広い別種で、熱帯性のため本土では育たない。

枝にトゲがある1
バラ類、キイチゴ類

羽状複葉をもち、枝にトゲがある木のうち、概ね樹高2m以下の低木～つる状であれば、**バラ類**か**キイチゴ類**と思ってよい。いずれもバラ科で似ているが、一般にキイチゴ類の方が葉が大きく、葉柄や葉裏にもトゲがあることが多い。

ノイバラの花（5/18）。果実は可食（10/31）

← テリハノイバラ【照葉野茨】
Rosa luciae

バラ科／半つる性低木／本～沖
海岸や山地の岩場など明るい場所に生え、ノイバラより葉の照りが強い。幹が地をはう樹形や、広い托葉が特徴。関東周辺には托葉が狭い低木のアズマイバラ（ヤマテリハノイバラ）も分布する。

テリハノイバラの花。ノイバラより大きく少数（6/14）

← ノイバラ【野茨】
Rosa multiflora

バラ科／低木／北～九
野生バラ類の中で最もふつうに見られ、林縁や道端、原野など明るい場所によく生える。別名ノバラ。幹はやや他物に寄りかかるように伸びる。葉に毛が多いことや、くし形に裂ける托葉が特徴。

← ハマナス【浜梨】
Rosa rugosa

バラ科／低木／北、本
海岸の砂地に生え、名は浜に生える梨の意味。北日本や日本海側に多く、海岸緑化樹や街路樹、庭木にもされる。幹は細いトゲが密生し、葉、花、果実とも大型で個性的。果実は径2～3cmのオレンジ色。

ハマナスの花はピンク色（6/8）

トゲのないバラ

モッコウバラ
【木香薔薇】
Rosa banksiae

バラ科／半つる性低木／中国原産
バラ類はトゲがあることが特徴だが、本種は例外的にトゲがない。幹はつる状に伸び、フェンスに絡めて庭木にされることが多い。

花はふつう淡黄色で八重咲き（5/8）

識別のワンポイント　バラ類は托葉がよく残り、形が特徴的なので重要な見分けポイントになる。

多くの種類があるバラやキイチゴ

本文では身近なバラ・キイチゴ類を紹介したが、日本にはバラ属（Rosa）が13種、キイチゴ属（Rubus）は約40種も自生している。バラ属は、富士周辺にフジイバラ、サンショウバラ、高山にはタカネバラやカラフトイバラ、西日本にはヤブイバラやヤマイバラなどが分布する他、世界中のバラ類を交配させて、いわゆる「バラ」と呼ばれる多くの栽培品種がある。キイチゴ属で羽状複葉をもつ種類は、他にバライチゴ類、コジキイチゴ、サナギイチゴ、ミヤマウラジロイチゴなどがある。

- 20% バラ'パパメイアン'の花（6/21）
- バラ'アバランチェ'の葉 20%
- 40% ヤブイバラの葉は長さ5cm程度
- 山地に生えるバライチゴの葉

ナワシロイチゴ【苗代苺】
Rubus parvifolius

バラ科／半つる性小低木／北〜沖

葉はふつう3出複葉で、道端や草地などに生える。草に近い性質で、茎は匍匐しややつる状に伸びる。イネの苗代をつくる季節に果実が熟すことが名の由来。

花弁はピンク色で開かない（5/31）

- 先は丸い
- 頂小葉は時に3裂する
- ナワシロイチゴの果実は粒が大きい（6/26）
- 70%
- ウラ 35%
- 裏は白毛が密生
- よく伸びた枝では羽状複葉が出る
- 表は明るい黄緑色で有毛

エビガライチゴ【海老殻苺】
Rubus phoenicolasius

バラ科／低木／北〜九

葉はふつう3出複葉で、山地の林縁などに時に生える。枝や葉柄に赤い剛毛とトゲが密生する様子をエビの殻に見立てたことが名の由来。葉がよく似たクロイチゴは、剛毛はなく短い軟毛が密生する。

- 先は尖る
- よく伸びた枝では羽状複葉が出る
- 70%
- ウラ 35%
- 裏は白い毛が密生するので、ウラジロイチゴの別名がある
- 表は有毛でしわが目立つ
- 100%
- 枝や葉柄に、トゲと、先が腺になった赤い長毛が密生する
- やや珍しい木

クサイチゴ【草苺】
Rubus hirsutus

バラ科／小低木／本〜九

キイチゴ類の中で最も身近に多く見られ、道端や林縁などによく群生する。草に近い性質で、樹高は通常50cm以下。葉は羽状複葉が目立つが、花のつく枝では小型の3出複葉が多い。

- クサイチゴの花は春早くに咲く（3/11）
- 表は有毛でふさふさした手触り
- 70%
- ウラ 50%
- 枝や葉柄にトゲがある
- クサイチゴの果実は大きく、味は薄め（5/21）
- 葉裏、葉柄、枝に開出する毛が多く生える

📝一口メモ　キイチゴ類の果実は甘く食べられる。稀に栽培されるラズベリー（ヨーロッパキイチゴ）も小葉1〜2対の羽状複葉。

羽状複葉 / 落葉樹 / 鋸歯縁 / 互生

枝にトゲがある2
サンショウ類

枝にトゲがあり、葉に香りがあれば、ミカン科**サンショウ属**（Zanthoxylum）の木である。**サンショウ、イヌザンショウ**は樹高1〜4m、**カラスザンショウ**は5〜15mになる。いずれもかんきつ系の香りで、アゲハチョウ類の食草になる。

サンショウの枝葉と果実（9/27）

→ サンショウ【山椒】 暖 寒 街
Zanthoxylum piperitum

ミカン科／低木／北〜九

低地〜山地の林に生え、庭や畑で栽培される。果実は香辛料の山椒に使い、若葉は「木の芽」と呼ばれ料理に添える。枝に対生するトゲがある。トゲがない品種はアサクラザンショウという。

サンショウの幹。トゲの土台がこぶ状に残り、すりこぎに利用される

50%

小葉の先は少し凹み、鋸歯は鈍い

若葉は中央に明色の斑が入ることが多い

葉をもむと山椒の強い香りがある

40%

葉をもむと、強くきつい香りがある

→ イヌザンショウ 暖 寒
【犬山椒】
Zanthoxylum schinifolium

ミカン科／低木／本〜沖

サンショウに似るが、香りが劣り食用にされないため、「否」を意味する「イヌ」の名がつく。小葉が細く、枝のトゲが互生することが違いで、低地〜山地に生える。

50%

鋸歯は低く目立たない

葉をもむとサンショウに似た香りがあるが、やや異なる

カラスザンショウの幹。トゲの土台がこぶ状に残る

鋸歯は微細で、全縁に近い

ウラ

幼い木では葉軸にもトゲがつく

複葉全体の長さは40〜90cmになる。シンジュと似るが香りやトゲで区別可能

← カラスザンショウ 暖 寒
【烏山椒】
Zanthoxylum ailanthoides

ミカン科／高木／本〜沖

海岸〜山地の林縁や伐採跡地に生えるパイオニアツリーの一つ。葉も樹高もサンショウよりずっと大きく、一説にはカラスが食べる山椒といわれる。

トゲをくらべてみよう

100% / 100% / 80%

サンショウのトゲは、葉の基部に対生する

イヌザンショウのトゲは互生する

カラスザンショウのトゲは不規則に多数生える

識別のワンポイント サンショウ類は、葉を光にかざすと小さな油点が多数見える。これはミカン科の大半に共通する特徴。

長い羽状複葉
シンジュ、チャンチン

羽状複葉の長さでいえば、複葉全体が1mにも達する**シンジュ**がナンバー1だろう。次いでカラスザンショウ（p.120）や**チャンチン**が続き、これら3種は遠目にはとてもよく似ている。他にはオニグルミ（p.124）の葉もかなり長い。

花期のシンジュ。花は緑白色（6/7）

➡ **シンジュ**【神樹】
Ailanthus altissima

ニガキ科／高木／中国原産

かつて養蚕用に栽培され、時に公園や街路に植えられるが、道端、河原などに野生化もしている。樹高15m以上にもなり、天高く伸びる様子を表した英名 Tree of heaven が和名の語源。ニワウルシ（庭漆）の別名もあるが、かぶれない。

➡ **チャンチン**【香椿】
Toona sinensis

センダン科／高木／中国原産

若葉が淡いピンク色で美しく、春は遠くからも目立つ。幹がよく直立する樹形で、稀に植えられる。中国では若葉を食用にする。

頂小葉は小さい

シンジュの果実は赤から褐色に熟し、風に舞う（6/23）

葉をもむとゴマに似た匂いがある

全体に低い鋸歯があるが、目立たない

小葉基部にのみ、鈍い鋸歯が1〜3対ある点で、他種と容易に区別できる

葉軸はしばしば赤みを帯びる

やや珍しい木

鋸歯の裏に円盤状の蜜腺がある

若葉は独特のピンク〜クリーム色（4/27）

中～大型で鋸歯がある
ナナカマド類、ニガキ、ヌルデなど

羽状複葉の木は、特徴がつかみにくくて見分けにくい印象があるが、**ヌルデ**は葉軸に翼がつくという珍しい特徴があるので見分けやすい。**ナナカマドやニガキ**は、冬芽、小葉の形、鋸歯、葉脈、味などを確認して総合的に見分けたい。

ナナカマドの紅葉（9/25）と果実（9/13）

← ナナカマド【七竈】
Sorbus commixta

バラ科／小高木／北～九

北国を象徴する木で、赤い紅葉や果実が美しい。山地～高山の林によく生え、北海道や東北地方では街路樹や公園樹にも多い。材は7回かまどに入れても燃え残るといわれる。

ナナカマドの花序は平面に広がる（4/27）

- 大小2重になった鋭い重鋸歯がある
- 裏はふつう無毛。褐色の毛が多い個体は変種サビバナナカマドという
- 冬芽は赤く長く、しばしば粘る
- 葉柄はしばしば赤みを帯びる
- 小葉基部の葉軸に褐色の毛がかたまる
- 小葉は4～7対ある
- 小葉は6～10対あり、ナナカマドより側脈が目立つ
- 裏は脈の分岐点に白毛があるか無毛

→ ニワナナカマド【庭七竈】
Sorbaria kirilowii

バラ科／低木／中国原産

ナナカマドより樹高が低く、花序の形が異なり、小葉の枚数が多い。時に庭や公園に植えられ、暖地でも育つ。別名チンシバイ（珍珠梅）。北海道にはよく似たホザキナナカマドが稀に自生する。

ニワナナカマドの花序は円錐形になる（7/21）

一口メモ　高山では近縁のウラジロナナカマドが多く、小葉は先が丸く、先半分に鋸歯がある。

大型で鋸歯がある（互生）
クルミ類

羽状複葉の表面積の広さでいえば、日本一は恐らく**オニグルミ**だろう。重なり合うほど広い小葉に加え、大きいものは複葉全体の長さが60cm以上になる。よく似た**サワグルミ**の葉は一回り小さく、**カシグルミ**は小葉の枚数が少ない。

果実をつけたオニグルミ（6/17）

果実をくらべてみよう

サワグルミの果実は、小型で翼がある（8/24）

オニグルミの果実は径3〜4cm（6/17）

カシグルミの果実は大きく、径4〜6cm（7/21）

果皮を取り除いた果実。殻は非常に硬く、表面がごつごつしているので「鬼」の名がある
果実 70%

寒 ↓ **サワグルミ**【沢胡桃】
Pterocarya rhoifolia
クルミ科／高木／北〜九
山地の沢沿いによく生え、冷涼な渓谷林の代表種。オニグルミより上流部に生え、果実の可食部はごく少ない。樹皮は縦に裂け、幹は直立し樹高30m以上の大木になる。

寒 暖 → **オニグルミ**【鬼胡桃】
Juglans mandshurica
クルミ科／高木／北〜九
山野の川沿いや湿った場所に生え、北日本に多い。樹高10m前後で樹形は横広がり形。種子はカシグルミより小さいが食べられる。果実の皮でかぶれることがあるので注意。

40%

鋸歯は細かくやや鋭い

小葉は5〜9対で幅広く、複葉全体の長さは40〜80cm

小葉は4〜10対で、複葉全体の長さは20〜40cm

裏は軟毛が少しあり、粘らない

40%

低く鈍い鋸歯がある

裏は星状毛や腺毛が多く、やや粘る

これは全縁（珍しい木）
20%

小葉は全縁で2〜3対と少ない

街 全縁 → **カシグルミ**【菓子胡桃】Juglans regia
クルミ科／高木／ヨーロッパ〜西アジア原産
食用に売られるクルミは本種で、長野や青森が主な産地。稀に庭木。別名ペルシャグルミ、テウチグルミ。

大型で鋸歯がある（対生）
ヤチダモ、シオジなど

クルミ類と似た大きな羽状複葉をもつものに、**ヤチダモ**や**シオジ**がある。これらは渓谷林でサワグルミとよく混生しまぎらわしいが、葉が対生することが大きな違い。キハダ（p.129）も渓谷に生え葉が対生するが、全縁なので異なる。

北海道の湿原に生えたヤチダモ（9/24）

羽状複葉／落葉樹／鋸歯縁＜対生

樹高30m以上のシオジの大木

▶ ヤチダモ【谷地梻】寒
Fraxinus mandshurica
モクセイ科／高木／北〜中部地方
名の通り、山地の渓谷沿いや湿地に生え、大木にもなる。日本海側で特に多い。小葉の基部に毛がかたまることが特徴で、他種と明瞭に見分けられる。樹皮は縦に裂ける。

▶ シオジ【塩地】寒
Fraxinus platypoda
モクセイ科／高木／関東〜九
ヤチダモと棲み分けるように、太平洋側や西日本の山地の渓谷沿いに生える。小葉はヤチダモより長く、枚数は少なく、基部に毛のかたまりはない。

▶ ヤマトアオダモ【大和青梻】寒・暖
Fraxinus longicuspis
モクセイ科／高木／本〜九
山地〜丘陵の林や谷沿いに時に生える。小葉は3〜4対で明瞭な柄があり、樹皮は白く平滑。若い葉軸や冬芽に褐色の縮毛がある。

ヤチダモの果実（9/25）

小葉はふつう4〜5対で、複葉全体の長さは30〜50cm

ヤチダモは小葉基部に褐色の毛のかたまりがある

裏は脈沿いに毛がある

小葉はふつう3〜4対で、複葉全体の長さは25〜45cm

小葉は長さ10〜20cmになり、かなり長い

やや珍しい木

125

中～小型で対生する
トネリコ類、ニワトコ、ゴンズイなど

羽状複葉が対生する日本産樹木は、モクセイ科**トネリコ属**（Fraxinus）が9種、他は**ニワトコ**、**ゴンズイ**、**キハダ**（p.129）、南日本のハマセンダンに限られる。外国産種では**トネリコバノカエデ**、ノウゼンカズラ（p.145）などがある。

都心に植えられた株立ち樹形のシマトネリコ

アオダモ【青梻】
Fraxinus lanuginosa
モクセイ科／小高木／北～九
山地の谷沿いや尾根に生える。名は枝を水につけると青く色づくため。小型の羽状複葉が特徴で、別名コバノトネリコ。材は粘り強く、野球のバット材として知られるが、太い木は少ない。

- 小葉は2～3対で、複葉全体の長さは12～25cm
- 裏はほぼ無毛から多毛まで変異がある
- 低いが明瞭な鋸歯があり、基部の小葉はやや長い卵形
- アオダモの樹皮は白っぽく平滑
- 夏に小さなクリーム色の花を多数つける（7/16）

マルバアオダモ【丸葉青梻】
Fraxinus sieboldiana
モクセイ科／小高木／北～九
アオダモより低標高に多く、低地～山地の尾根や岩場に生える。アオダモに似るが、小葉の鋸歯が目立たず、丸みが強い。それ以外はほぼ同じ。

- マルバアオダモの花。白く清楚な印象（4/13）
- 小葉は2対、時に3対で、低い鋸歯があるか、ほぼ全縁
- 裏はほぼ無毛か脈沿いに毛がある
- 基部の小葉は小型でほぼ円形
- 冬芽は青白い

シマトネリコ【島梻】
Fraxinus griffithii
モクセイ科／高木／沖縄、熱帯アジア原産
熱帯性の木だが、2000年頃から一躍人気が出て、関東以南で庭や商業施設、街路などに多く植えられる。北日本産のトネリコと混同されるが別種で、「島」は南の島を指す。

- これは常緑樹
- 類似種にくらべ、明らかに色濃く光沢が強い
- 両面ほぼ無毛
- 葉軸は稜がある
- ふちに鋸歯はなく、しばしば波打つ
- シマトネリコの樹皮。まだら模様にはがれる

📝一口メモ　シマトネリコの庭木は幹が多数出た株立ち樹形に仕立てられたものが多いが、本来は単幹で樹高15mにも達する。

全縁の羽状複葉1
ウルシ類とそれに似た葉

鋸歯のない羽状複葉といえば、**ヤマウルシ**や**ハゼノキ**などの**ウルシ科**が代表的。いずれも紅葉が鮮やかで秋は目立つが、樹液がつくとかぶれるので、ぜひ覚えておきたい。葉は枝先に集まって互生し、葉軸が赤くなることが多い。

ヤマウルシの紅葉（10/19）

ハゼノキの果実。冬も枝に残る（11/29）

紅葉した小葉が交じるハゼノキ（8/5）

ヤマハゼの花。黄緑色で円錐花序につく（6/1）

葉は両面無毛で、やや硬く光沢がある

葉は全体有毛で、軽く触るとざらつく

裏は側脈が浮き出る

裏は白みを帯びる

ハゼノキより側脈のしわが目立つ

葉先は細く伸びて尖る

ヤマハゼ、ハゼノキとも、葉柄や葉軸が赤みを帯びることも多い

↑**ハゼノキ**【櫨木】
Toxicodendron succedaneum
ウルシ科／小高木／関東〜沖
海岸近く〜低山の林や林縁に生える。秋はまっ赤に紅葉し美しい。本来は沖縄や中国などの原産だが、かつて果実からろうを採取するため各地で栽培され、広く野生化した。樹皮は縦に裂ける。かぶれる

↑**ヤマハゼ**【山櫨】
Toxicodendron sylvestre
ウルシ科／小高木／関東〜九
低地〜山地の明るい林に生える。ハゼノキに似るが、葉や枝、冬芽などが有毛で、果実のろうは少ない。かぶれる

識別のワンポイント　ハゼ類やウルシ類は、枝葉を傷つけると白い乳液が出て、幼木の葉は少数の鋸歯が出ることも多い。

全縁の羽状複葉2
マメ科（ニセアカシア、エンジュなど）

全縁の羽状複葉の木で、小葉の丸みが強ければ**マメ科**の可能性が高い。マメ科の木はウルシ類と異なり、葉が枝先に集まらず、葉軸が緑色で、葉先があまり尖らないものが多い。また、鋸歯が出ることはない。

ニセアカシアの花序は下向きでブドウの房状（5/8）

小葉の先はわずかに糸状に突き出る

60%

葉軸や葉柄に短毛がやや多い

➡ **ニセアカシア**【偽 Acacia】街 寒 暖
Robinia pseudoacacia
マメ科／高木／北米原産
街路樹や公園樹の他、かつて荒れ地や法面の緑化に多用され、河原や道路沿いなどに広く野生化している。「アカシア」の名で蜂蜜が有名だが、本来のアカシア類（p.133）とは属が異なる。エンジュに似てトゲがあるのでハリエンジュ（針槐）の名も使われる。樹皮は縦に裂ける。

黒紫色のイタチハギの花（9/21）

⬅ **イタチハギ**【鼬萩】寒 暖
Amorpha fruticosa
マメ科／低木／北米原産
各地の法面や荒れ地の緑化に植えられ、道路沿いなどに野生化している。黒い花が独特で、別名クロバナエンジュ。葉はニセアカシアを細く小さくした印象。

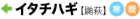

60%

小葉は小判形で、先はわずかに凹む。両面ほぼ無毛

小葉は5〜10対で、複葉全体の長さは15〜30cm

ニセアカシアは葉の基部に1対のトゲがつく。トゲがない品種もある

砂防樹に植えられる外来種

土砂災害の発生を防ぐため、河川や法面（道路造成時の斜面など）、荒廃地、海岸などに植える木が砂防樹で、コスト削減のために外国産の成長が早い植物の種子を吹きつけることが多い。そのため、山地の道路沿いやダム周辺などで、ニセアカシア、イタチハギ、トウコマツナギ（唐駒繋）、ハギ類などの外国産種がよく見られる。

50%

中国原産のトウコマツナギは樹高3m前後になる

小葉の先をくらべてみよう

200%　200%

ニセアカシアの先は、わずかに凹む　　イタチハギの先は、ふつうわずかに糸状に突き出る　　エンジュの先は、やや尖る

一口メモ　マメ科植物の根には窒素固定をする根粒菌が共生し、やせ地でもよく育つ。ニセアカシアは地下茎でも増え繁殖力が強い。

2回羽状複葉（小葉は小型）
マメ科（ネムノキ、アカシア類など）

小葉が羽状に並んだもの（羽片）が、さらに羽状に並んで1枚の葉を構成する形を2回羽状複葉という。日本の樹木では非常に珍しい形態で、小葉の長さが2cm以下なら、**ネムノキ**か**アカシア類**（常緑樹）などの外国産種と思ってよい。

ネムノキの花は夏の到来を告げる（7/15）

➡ ネムノキ【合歓木】［暖］
Albizia julibrissin

マメ科／小高木／本〜九

山野の林縁や原野、川沿いなど明るい場所に生えるパイオニアツリーで、稀に公園などに植えられる。枝を傘形に広げた樹形で、樹高5〜10m前後になる。特徴的な葉形で見分けやすい。別名ゴウカンボク。

頂小葉はなく、2回偶数羽状複葉と呼ばれる形

60%

ピンク色の多数の長い雄しべが広がる（7/10）

ネムノキの樹皮。イボ状の皮目が多い

小葉は軟らかで、暗くなると閉じることが名の由来

葉柄の基部近くに蜜腺がある

小葉 100%　ウラ　小葉は包丁形

頂小葉がある2回羽状複葉

ジャカランダ　［街］［対生］
Jacaranda mimosifolia　**ノウゼンカズラ科／高木／南米原産**

珍しい熱帯花木として、暖地で稀に庭や公園に植えられる。葉はネムノキに似るが、頂小葉がある2回奇数羽状複葉で、複葉は対生することが違う。

葉の先端を見ると、尖った頂小葉があるのでネムノキなどと区別できる

花は紫色でキリに似る（4/27）

沖縄・小笠原の「ネムノキ」

ギンネム【銀合歓】［暖］
Leucaena leucocephala

マメ科／小高木／中南米原産

やせ地でも成長が早い木として、沖縄や小笠原で荒廃地の緑化や緑肥用に植えられて野生化し、在来種をおびやかすほどに茂っている。葉はネムノキに似るがやや青白い。別名ギンゴウカン。

花は白色で径3cm前後の球形の花序（11/1）

葉は2回偶数羽状複葉で、ネムノキより小葉が少なくまばら

25%

ネムノキにくらべ、主脈が中心近くを通る

小葉 100%　ウラ

➡ フサアカシア 【総 Acacia】 街
Acacia dealbata

マメ科／高木／オーストラリア原産

ギンヨウアカシアと並ぶアカシアの代表種で、ともに「ミモザ」の英名でも呼ばれる。庭や公園、街路などに時に植えられる。葉はネムノキを小さくしたような形で青白い。早春に丸い黄花を総につけて目立つ。

花期のフサアカシア。樹高10m前後になる（4/4）

これは常緑樹

2回偶数羽状複葉で、頂小葉はない。羽片は10〜20対前後ある

小葉はネムノキよりずっと小型で、長さ5mm前後

小葉はフサアカシアより短く、長さ3mm前後

葉柄や葉軸、葉裏などに毛が多い

これは常緑樹（珍しい木）

フサアカシアは羽片の基部に蜜腺が1個ある

モリシマアカシアは羽片の基部に蜜腺が1〜3個ある

⬆ モリシマアカシア 街
Acacia mearnsii

マメ科／高木／オーストラリア原産

フサアカシアに似るが、小葉が小さく、葉軸の蜜腺の数が多く、花はクリーム色。稀に植栽される。名は、旧学名に使われた「軟毛が多い」という意味のラテン語「mollissima」にちなむ。

幼木の葉がネムノキそっくり

➡ メラノキシロンアカシア 暖
Acacia melanoxylon

マメ科／小高木／オーストラリア原産

幼木ではネムノキそっくりの2回羽状複葉が見られるが、成木では葉柄が扁平になった偽葉ばかりになる。主に瀬戸内海沿岸で山火事跡地や荒廃地の緑化に植えられ、野生状に見られる地域がある。

偽葉は表裏ともほぼ同じで、3〜6本の脈が走る

これは常緑樹

枝葉は多少有毛

幼木の葉はネムノキと見間違えるほど似ている

成木の偽葉。広狭は変異がある。花はクリーム色

➡ ギンヨウアカシア 街 【銀葉 Acacia】
Acacia baileyana

マメ科／小高木／オーストラリア原産

フサアカシアにくらべて葉が小さく、樹高も6m前後と小型で、庭木や鉢植えとして多く植えられている。葉は銀白色を帯び、近年は紫色を帯びる栽培品種'プルプレア'も出回っている。

2回偶数羽状複葉で、羽片は2〜5対

これは常緑樹

羽片の基部に蜜腺がある

花をくらべてみよう

フサアカシアの花は黄色で、2〜4月に咲く

モリシマアカシアの花は黄白色で5月頃咲く

ギンヨウアカシアの花は黄色で2〜4月に咲く

📝 一口メモ　マメ科アカシア属はオーストラリアを中心に1000種前後も分布するといわれ、日本にも園芸用に多種が導入されている。

羽状複葉｜落葉樹｜互生

2回羽状複葉（小葉は中型）
タラノキ、ナンテン、センダンなど

小葉の長さが2cm以上ある大型の2回羽状複葉は、**タラノキ、ナンテン、センダン**が代表的。珍しい木では、**サイカチ**やつる植物のジャケツイバラ（p.145）でも見られる。また、草の**コダチダリア**の葉もタラノキに似ている。

タラノキは晩夏に白花をつける（9/3）

2回羽状複葉全体の長さは40〜80cm

50%

ウラ

タラノキの新芽はタラの芽と呼ばれる（4/15）

10%

2回羽状複葉全体の長さは50〜100cm

暖 寒 鋸歯

➡ **タラノキ**【楤木】
Aralia elata
ウコギ科／低木／北〜九
山野の林縁や荒れ地、道端など明るい場所に生え、しばしば群生する。茎や葉はトゲが多い。新芽は天ぷらにすると美味で、山菜の王様と呼ばれ栽培もされる。トゲがない品種はメダラと呼ばれる。

小葉の長さは5〜15cmで広い卵形

50%

裏は脈上などに毛が多い

若木では葉軸の上にトゲが出る

センダンの果実は黄色で長さ約2cm（11/14）

小葉の長さは3〜6cmで、やや細い卵形

暖 街 鋸歯

⬆ **センダン**【栴檀】
Melia azedarach
センダン科／高木／関東〜沖
本来は四国、九州以南の山野に生えるが、社寺や学校、公園などに植えられ、暖地で野生化している。成長は早く、横広の樹形で大木になる。樹皮は縦に裂ける。

センダンの花は初夏に咲き、紫と白色で清楚な印象（6/1）

小葉はさらに3つに切れ込むことがある

📝 一口メモ　ことわざの「栴檀は双葉より芳し」は白檀（ビャクダン科）のことでセンダンとは別種。

➡ ナンテン【南天】 街 暖 全縁
Nandina domestica

メギ科／低木／本～九

「難を転ずる」にかけて縁起がよい木とされ、昔から庭木や鉢植えにされる。中国原産といわれるが、暖地の林内によく野生化している。細い幹を多数出した樹形で、葉の色形が異なる栽培品種も多い。

ナンテンの果実はせき止めの薬にされる（12/7）

小葉が広く赤くなる矮性の栽培品種オオフクナンテン

ナンテンの花（6/19）

50%

小葉は長さ2～9cmで、大小の変異が多い

両面無毛

ウラ

これは常緑樹

これは2回羽状複葉の一部分で、全体の長さは30～80cmになる

基部の小葉は3つに分かれることもある

2回羽状複葉の巨大な草花

コダチダリア 街 く 園芸
【木立 Dahlia】
Dahlia imperialis

キク科／多年草／中米原産

近年増えた園芸植物で、草本だが高さ4m前後に達し、茎は木質化する。葉は大型の2回奇数羽状複葉で外見はタラノキに似るが、複葉は対生する。別名「皇帝ダリア」。

花の少ない11～12月にピンク色の花を咲かせ目立つ

サイカチの果実。さやは大型でねじれる（10/6）

⬇ サイカチ【皂莢】 寒 暖 街 全縁
Gleditsia japonica

マメ科／高木／本～九

山野の河原や沿谷いに稀に生え、時に植えられる。葉は1回羽状複葉が多いが、2回羽状複葉も交じる。果実はサポニンを含み泡立つので、石けんの代用や薬用にされる。

珍しい木

短枝には1回偶数羽状複葉がつく

50%

ウラ

50%

2回偶数羽状複葉は長枝や幼い枝に多い

幹に分岐したトゲが出る

📝 一口メモ　ナンテンやセンダンのように、2回羽状複葉の小葉がさらに全裂した場合の葉の形を、3回羽状複葉と呼ぶ。

つる植物 不分裂葉 互生

不分裂葉・互生のつる
サルトリイバラ、サネカズラ、イタビカズラなど

つる植物は種数が限られるので、葉の形やつき方、鋸歯の有無、つるの登り方などを確認すれば、見分けるのはさほど難しくない。このページの掲載種以外に、キヅタ類（p.140）やツヅラフジ類（p.141）でも不分裂葉が現れる。

サルトリイバラの花（4/18）と果実（11/29）

ふつう鋸歯がまばらにあるが、時にない葉もある

暖 寒 全縁
➡ **サルトリイバラ**【猿捕茨】
Smilax china
サルトリイバラ科／落葉つる／北〜沖
山野の林縁に生え、枝のトゲと巻きひげで他の草木に登る。名はサルが掛かる茨の意味。丸い葉が独特で、西日本では柏餅の葉に使う地方も多い。別名カカラ、サンキライ（山帰来）。

90%

ウラ

両面無毛で光沢が強い

両面無毛で光沢が強く、3〜5脈が目立つ

枝の樹皮をはぐと粘りがある

暖 く鋸歯 全縁
⬆ **サネカズラ**【実葛】
Kadsura japonica
マツブサ科／常緑つる／関東〜沖
低地〜丘陵の常緑樹林に生え、つるはS巻きで高木にも登る。果実が目立つのでこの名があり、樹皮の粘液を侍の整髪料に使ったことから、「美男葛」の名もある。

サネカズラの果実は径約3cmの球形に集まってつく（12/7）

托葉が変化した巻きひげがしばしばつく

枝は緑色。曲がったトゲが点在

葉先はやや突き出る

寒 暖 全縁
➡ **クマヤナギ**【熊柳】
Berchemia racemosa
クロウメモドキ科／落葉つる／北〜沖
丘陵〜山地の林に生え、他の木に登る。つるは緑色でS巻きで、名はつるがクマのように強いためというが、ヤナギには似ていないし全く別の仲間。葉は側脈が目立ち独特。

クマヤナギの果実は赤〜黒（6/30）

90%

ウラ

寒 暖 く鋸歯
⬅ **ツルウメモドキ**【蔓梅擬】
Celastrus orbiculatus
ニシキギ科／落葉つる／北〜九
低地〜山地の林に生える。つるはZ巻きで高木にも登り、太いつるの樹皮は縦に裂ける。葉がウメに似るのでこの名がある。果実は黄色と朱赤色の対比が美しく、リースや花材に使われる。

ツルウメモドキの果実（10/26）

90%

両面無毛か、裏の脈沿いに毛がある

葉は卵形で湾曲した長い側脈が多数並ぶ

識別のワンポイント　サルトリイバラは単子葉植物で、つるは赤みを帯びた緑色でコルク層はなく、従来はユリ科に含まれていた。

オオバウマノスズクサ【大葉馬鈴草】
Aristolochia kaempferi
ウマノスズクサ科／落葉つる／関東〜九
低地〜山地の林に生え、つるはZ巻きで、木に登り高さ3m前後になる。名は、花や果実が馬にかける鈴に似ており、つる草のウマノスズクサより葉が大きいため。

フウトウカズラ【風藤葛】
Piper kadsura
コショウ科／常緑つる／関東〜沖
海岸近くの常緑樹林に生える。気根を出し、木の幹や岩、地面を広く覆い、高さ10mにもなる。葉はハート形状で、葉をかむと胡椒に似た風味がある。名は中国名の風藤に由来。

イタビカズラ【崖石榴】
Ficus nipponica
クワ科／常緑つる／本〜沖
低地〜丘陵の常緑樹林に生え、気根を出し木や岩に登る。イチジクの仲間で果実は径約1cm。名の「イタビ」はイヌビワの別名。幼い枝の葉もほぼ同形。

オオイタビ【大崖石榴】
Ficus pumila
クワ科／常緑つる／関東南部〜沖
イタビカズラより葉や果実が大きく、海岸近くの暖かい林に生える。幼い枝の葉は小型で、岩壁や幹に密集して貼りつくことが特徴で、プミラの名で園芸用にも出回っている。

ヒメイタビ【姫崖石榴】
Ficus thunbergii
クワ科／常緑つる／関東南部〜沖
イタビカズラより葉が小さいのでこの名があり、海に近い林縁や崖などに生える。葉裏に毛が多く、幼い枝の葉はやや小型で、鈍鋸歯が出ることが特徴。果実は径約2cm。

不分裂葉・対生のつる
スイカズラ、テイカズラ、ツルアジサイなど

不分裂葉が対生するつる植物のうち、身近なヤブに多い**スイカズラ**と**ヘクソカズラ**、常緑樹の**テイカカズラ**と**ツルマサキ**、山地林に多い**ツルアジサイ**と**イワガラミ**は、それぞれ似ており間違えやすいので注意したい。

テイカカズラの花。白から淡黄色に変わる(6/5)

← スイカズラ【吸葛】 暖 寒 全縁
Lonicera japonica
スイカズラ科／半常緑つる／北〜沖
明るいヤブによく生える。花の蜜が吸えるのでこの名があり、葉が冬もやや残るのでニンドウ（忍冬）の別名もある。

裏面の葉脈の網目が目立つ

ウラ / 80%
両面有毛
もむと臭い

スイカズラの花。白から淡黄色に変わるのでキンギンカ（金銀花）とも呼ばれる(6/11)

→ テイカカズラ【定家葛】 暖 全縁
Trachelospermum asiaticum
キョウチクトウ科／常緑つる／本〜九
常緑樹林内に多く、気根で他の木に登る。花は香りがよく、果実は長さ約20cmで細長い。古い葉は赤く紅葉する。

← ヘクソカズラ 暖 寒 全縁
【屁糞葛】Paederia foetida
アカネ科／落葉つる／北〜沖
ヤブや林縁によく生え、葉や果実の匂いが名の由来。葉は楕円形〜ハート形まで変異が多い。別名サオトメカズラ（早乙女葛）。

三角形の托葉がある

地をはう枝の葉は、小型で葉脈が目立つ

ツルマサキの果実。4裂し朱色の種子を出す(11/2)

鋸歯は細かく、30対以上

70%

ヘクソカズラの花(8/5)

ウラ

← ツルアジサイ 寒 鋸歯
【蔓紫陽花】Hydrangea petiolaris
アジサイ科／落葉つる／北〜九
山地のブナ林などに生え、気根を出し他の木の幹などに登る。梅雨の頃にアジサイに似た花をつけ目立つ。

地をはう枝の葉はテイカカズラに似るが、鋸歯がある

80%

70%

鋸歯は粗く、20対以下

花をくらべてみよう

イワガラミ（左）の装飾花の萼片は1個、ツルアジサイ（右）は4個

← イワガラミ【岩絡】 寒 暖 鋸歯
Schizophragma hydrangeoides
アジサイ科／落葉つる／北〜九
ツルアジサイに似るが、葉の鋸歯や装飾花が異なり、低山の林にも生える。

↑ ツルマサキ【蔓柾】 寒 暖 鋸歯
Euonymus fortunei
ニシキギ科／常緑つる／北〜沖
山地の落葉樹林内に生えることが多く、気根を出し他の木に登る。花や果実はマサキに似る。

分裂葉のつる1
巻きひげを出すブドウ類

分裂葉をつけるつる性木本で、茎から巻きひげを出すならブドウ科である。カラスウリなどのウリ科や、トケイソウ科の植物も分裂葉で巻きひげを出すが、これらは草本で、茎は木質化せず冬に枯れる。

分裂葉のつる2
ツタ類、フユイチゴ類、ツヅラフジ類

ブドウ類（p.139）が巻きひげを出すのに対し、**ツタ**は吸盤で、**キヅタ類**は気根で、**ツヅラフジ類**は茎で巻いて他物に登ることが特徴。これに対し、**フユイチゴ類**は茎が地をはう匍匐性で、木などにはふつう登らない。

気根（左下）を出し木の幹に登ったキヅタ

ツタ【蔦】
Parthenocissus tricuspidata
ブドウ科／落葉つる／北～九
海岸～山地の林縁や岩場に生える。秋の紅葉が美しく、吸盤のついた巻きひげを出すことが特徴で、塀や壁面の緑化に植えられる。別名ナツヅタ（夏蔦）。

茎から出た吸盤

建物の壁で紅葉したツタ（12/6）

ふつう3裂する

70%

花がつかない枝先では、小型の不分裂葉が多い

紅葉 ウラ 70%

幼い枝ではツタウルシ（p.143）に似た3出複葉も出る

紅葉 70%

70%

葉は長さ10～20cmで、ふつう3裂か不分裂

葉柄は長さ20cm以上にもなり、ほぼ無毛

キヅタ【木蔦】
Hedera rhombea
ウコギ科／常緑つる／本～沖
低地～低山の林縁や林内に生え、庭や壁面にも植えられる。ツタに似るが全く別の仲間で、冬も葉があるのでフユヅタとも呼ばれる。葉形の変異は多様。

70%

浅く5裂する葉が多いが、深く裂ける葉や3裂の葉もある

ウラ

成葉は両面ほぼ無毛

花がつく枝では不分裂葉も多い

セイヨウキヅタ
【西洋木蔦】Hedera helix
ウコギ科／常緑つる／
ヨーロッパ～西アジア原産
キヅタに似るが、葉柄や葉裏、若枝に白毛がある。葉形や葉色の異なる多くの栽培品種があり、庭や公園、壁面などによく植えられる。英名アイビー（ivy）。

斑入りのセイヨウキヅタ

カナリーキヅタ
【canary木蔦】Hedera canariensis
ウコギ科／常緑つる／カナリア諸島原産
キヅタやセイヨウキヅタより葉が大型で幅広い。斑入り品などがあり、庭や公園、壁面の緑化によく植えられる。葉形をおたふくの顔に見立て、オカメヅタの名もある。

ウラ 70%

3～5裂または不分裂で、切れ込みの深さや形は多様

キヅタと異なり葉柄や葉裏脈上は有毛

一口メモ キヅタ類は広い地面や斜面の緑化に植えられることが多く、こうした用途をグランドカバーと呼ぶ。

← フユイチゴ【冬苺】 暖 鋸歯
Rubus buergeri

バラ科／常緑匍匐性低木／関東～九

秋～冬に果実が熟すキイチゴ。葉も常緑で主に常緑樹林内に生える。茎は地をはい、群生する。葉は浅く3～5裂するか不分裂で、先が丸いことが特徴。

枝や葉柄はトゲがあり、褐色の毛が密生する

切れ込みはごく浅い。表は毛が多くざらつく

フユイチゴの果実は甘く食べられる（10/24）

葉先はフユイチゴより尖る

フユイチゴより鋸歯が鋭く目立つ

→ ミヤマフユイチゴ【深山冬苺】 暖 寒 鋸歯
Rubus hakonensis

バラ科／常緑匍匐性低木／関東～九

フユイチゴより葉先が尖り、枝葉の毛は少ない。内陸の山地寄りに多いのでこの名があるが、しばしば混生し、両者の雑種アイノコフユイチゴもある。いずれも樹高20cm前後。

葉脈のしわが目立ち、両面有毛。特に裏面は密生し淡褐色

葉は浅く3～5裂し、先は丸い

← ホウロクイチゴ【焙烙苺】 暖 鋸歯
Rubus sieboldii

バラ科／常緑匍匐性低木／関東南部～沖

海岸～低山の常緑樹林に生え、葉、花、果実ともフユイチゴより大型。茎はやや立ち樹高70cm前後になる。果実の形を焙烙（茶葉を炒る土鍋）にたとえた。

ホウロクイチゴの果実。夏に熟し食べられる（5/9）

→ アオツヅラフジ 暖 寒 全縁
【青葛藤】Cocculus trilobus

ツヅラフジ科／落葉つる／北～沖

山野の林縁や道端に生える。つるはZ巻きで草木に登り高さ2～3mになる。果実は食用ではないが薬効がある。別名カミエビ（神蝦）。

アオツヅラフジの果実は青紫色（9/20）

3脈がやや目立つ

3浅裂する葉と不分裂葉が交じる

裏は淡緑色で、両面に毛が多い

ウラ

葉柄や枝はトゲがあり、褐色の毛が密生

5～7裂する葉が目立つが、樹冠はハート形の不分裂葉も多い。両面ほぼ無毛で、裏は白い

→ ツヅラフジ【葛藤】 暖 全縁
Sinomenium acutum

ツヅラフジ科／落葉つる／関東～沖

アオツヅラフジより葉が大きく、オオツヅラフジの名もある。低山の林縁に生え、高さ10mにも登る。丈夫なつるで葛籠（四角いかご）を作ったことが名の由来。果実は黒い。

やや珍しいつる

掌状複葉のつる
アケビ、ムベなど

掌状複葉をもつつる植物は、日本の樹木では**アケビ** と **ムベ** だけである。他には、稀に植栽されるブドウ科のアメリカヅタがある。掌状複葉に似た鳥足状複葉をもつつる植物は、多年草の **ヤブガラシ** やアマチャヅルが身近によく見られる。

アケビの花は淡紫～白色（4/13）

先は短く突き出る

小葉は5〜7枚で、幼木では3枚や1枚の葉もある

小葉は5枚で、先は凹むか丸い

鋸歯はない

※葉の大小は変異が大きく、上部の葉は大型で短枝に束生し、地をはう枝の葉は小型

常緑樹なので、葉はアケビより厚く光沢がある

↑アケビ【通草】
Akebia quinata

アケビ科／落葉つる／本〜九
山野の林縁によく生える。つるはZ巻きで高木にも登り、丈夫なのでフジ（p.144）とともに細工物に使われる。果実が開くので「開実」が名の由来とも。

アケビの果実。果肉は甘く生食でき、紫〜白色の果皮は肉詰め料理に使われる（10/22）

↑ムベ【郁子】
Stauntonia hexaphylla

アケビ科／常緑つる／本〜沖
海岸林〜低山の常緑樹林の林縁などに生え、生垣にもされる。つるはZ巻きで高木にも登る。アケビに似るが常緑で、小葉は大型でふつう7枚ある。別名トキワアケビ（常磐通草）。果実は赤紫色で食べられるが、裂けない。

葉裏は葉脈の網目がよく目立つ

ムベの花は白色で紫色のすじが入る（4/13）

鳥の足形？ みたいな鳥足状複葉

身近なヤブに生えるつる性多年草のヤブガラシ（ブドウ科）は、一見、掌状複葉に見えるが、よく見ると葉柄が3分岐した後に、さらに外側に分岐して小葉がついている。このような形の葉は鳥足状複葉と呼ばれる。

鳥足状複葉は、日本の樹木では高山植物のゴヨウイチゴ類（バラ科）ぐらいだが、草本では他にウリ科のアマチャヅル、サトイモ科のテンナンショウ類、キンポウゲ科のクリスマスローズなどで見られる。

ヤブガラシの葉。鋸歯がある

3出複葉のつる
ツタウルシ、クズ、ボタンヅルなど

3出複葉のつる植物の中では、大型で身近な雑草の**クズ**を最もよく見かける。かぶれの被害が多い**ツタウルシ**は、気根で木の幹などに貼りつき、横枝を伸ばして花や果実をつける他、林内の地面をはっていることも多いので注意したい。

ツタウルシの紅葉は赤〜黄色で鮮やか (10/30)

ミツバアケビ【三葉通草】
Akebia trifoliata
アケビ科／落葉つる／北〜九
アケビと似て混生するが、小葉は3枚で鋸歯があり、花は暗い紫色、果実はやや大型。時に両者の雑種ゴヨウアケビがあり、小葉は5枚で鋸歯がある。アケビ類は時に栽培もされる。

ふつう小葉の基部側に鈍鋸歯がある

ミツバアケビの果実。赤紫〜褐色で食べられる (9/27)

小葉は長さ10〜15cmになり大型

ツタウルシ【蔦漆】
Toxicodendron orientale
ウルシ科／落葉つる／北〜九
かぶれる植物の代表種。山地〜海岸まで林縁や林内に生え、茎から気根を出し、木の幹や岩に3〜10mほど登る。紅葉が美しいので秋は目立つ。 かぶれる

高く登った枝の葉は大型で全縁

葉柄は赤く色づくことが多い

地をはう幼い枝は、小型で鋸歯のある葉も多い。ツタ (p.140) の幼い葉とよく似るが、鋸歯の先は糸状にならない

ボタンヅルの果実。羽毛状の白毛がある (10/30)

クズ【葛】
Pueraria lobata
マメ科／落葉つる／北〜九
山野の林縁やヤブによく生え、つるで巻きつき高木にも登る。生育力旺盛で、しばしば一帯を覆う。根から採れる葛粉は葛餅やくずきりに利用される。

葉柄や茎に褐色の長毛が多い。葉裏は短毛が多い

小葉は切れ込むことが多い

クズの花は赤紫色で秋に咲く (9/20)

ボタンヅル
【牡丹蔓】Clematis apiifolia
キンポウゲ科／落葉つる／本〜九
山野の林縁などに生え、葉柄で草木に巻きついて登る。花は同科のセンニンソウ (p.145) より小さい。小葉がさらに3全裂した変種コボタンヅルもある。

小葉はしばしば3裂し、ボタンの葉に似る

葉脈のしわが目立つ

> 一口メモ つる植物は木と草の中間的な種が多い。クズは草に分類されることも多いが、太いつるには冬芽がつくのでその点では木。

羽状複葉のつる
フジ類、ノウゼンカズラなど

羽状複葉をもつつる性木本の代表種は**フジ**や**ヤマフジ**で、アケビ（p.142）と並んで山野に最も多いつるである。半つる性のノイバラ類（p.118）や、匍匐性のキイチゴ類（p.119）は、トゲのある羽状複葉のページで紹介した。

フジの果実。さやは長さ10～20cm（8/23）

小葉4～6対、複葉全体の長さ15～30cm

→ フジ【藤】 暖 寒 街 昼生 全縁
Wisteria floribunda
マメ科／落葉つる／本～九
低地～山地の林縁などに広く生える代表的なつる植物。庭や公園にも植えられ、藤棚にされる。つるで高木に登り、太さは時に30cmを超える。別名ノダフジは大阪市野田にフジの名所があったため。

小葉5～9対、複葉全体の長さ20～35cm

小葉はヤマフジより細長く、よく波打つ

裏はフジよりも脈上などに毛が多い

裏は多少毛が生える

ウラ

← ヤマフジ【山藤】 暖 寒 街 昼生 全縁
Wisteria brachybotrys
マメ科／落葉つる／中部地方～九
フジに似るが、西日本に分布し、小葉が幅広くて数が少なく、つるの巻き方は逆で、花序が短い。山野にフジと混在して生え、庭木や鉢植えにもされる。花は紫色で、白花の品種もある。

フジにくらべ、小葉基部が幅広い印象

花とつるをくらべてみよう

ヤマフジの花序は長さ10～20cmで短い

フジの花序は長さ30～100cmで長い

ナツフジは白色で花序は長さ10～20cm

ヤマフジのつるは右上に巻く（Z巻）

フジのつるは左上に巻く（S巻）

ナツフジのつるは左上に巻く（S巻）

小葉4～7対、複葉全体の長さ10～25cm

マメ科樹木はふつう葉柄基部に葉枕と呼ばれるふくらみがある

先はやや突き出て鈍い

← ナツフジ【夏藤】 暖 昼生 全縁
Wisteria japonica
マメ科／落葉つる／関東南部～九
フジやヤマフジより明らかに葉が小さく、つるも細く、花は白色で夏に咲く。主に西日本の低地～丘陵の林縁などに生え、稀に庭木にされる。

ふちは細かく波打つ。両面ほぼ無毛

📝 一口メモ　一般に、つるが右上に巻くものを右巻きと呼ぶが、これを左巻きと呼ぶ見解もあるため、本書ではZ巻きと表した。

針葉樹 | 針状葉 | 常緑樹

マツと名のつく木
マツ類、カラマツ、エゾマツ、トドマツなど

アカマツや**クロマツ**などのマツ科**マツ属**（Pinus）は針葉樹の代表種だが、マツと名のつく木は**トウヒ属**（Picea）、**モミ属**（Abies）、**カラマツ属**（Larix）にもあり、まぎらわしい。ここでは分類に関係なくマツと名のつく木を集めてみた。

アカマツの樹形と球果（松ぼっくり）（3/21）

樹皮をくらべてみよう

クロマツは灰黒色。両種とも短冊状に裂ける

アカマツは赤茶色。幹の上部の樹皮がよくはがれ、しばしばすべすべになる

葉先に触れると痛い

葉先に触れても痛くない

葉は2本ずつ束生し、クロマツにくらべ細くやや短い

庭木として仕立てられたクロマツの樹形

← クロマツ【黒松】 暖 街
Pinus thunbergii

マツ科／高木／本～九

海岸や海に近い低山によく生え、庭や公園、街路、海岸緑化によく植えられる。幹が黒いことが名の由来で、アカマツより葉が硬く長いので、雄松（おまつ）の呼び名もある。

→ アカマツ【赤松】 暖 寒 街
Pinus densiflora

マツ科／高木／北～九

山地～低地の尾根ややせ地などに広く生え、用材や燃料用に植林されたものも多い。庭や公園にも植えられる。幹が赤いことが名の由来で、葉が軟らかいので雌松（めまつ）の呼び名もある。

冬芽は赤っぽく、鱗片が反る

側面が白く、全体が青白く見える

冬芽は白っぽく、ほぼ平滑

葉は5本ずつ束生する

↑ ゴヨウマツ 寒 街
【五葉松】
Pinus parviflora

マツ科／高木／北～九

山地～高山の岩場や尾根に生え、庭木や盆栽にされる。葉が5本ずつつくことが名の由来。西日本産は葉が短い変種ヒメコマツ（姫小松）、北日本産は葉が長い変種キタゴヨウ（北五葉）に区別することもある。

マツの代用にされる木

イヌマキ【犬槇】 暖 街
Podocarpus macrophyllus

マキ科／高木／関東～沖

海岸～低山の林に生え、庭木や生垣にされる。マツの代用に仕立てられた庭木も多い。葉は針葉樹にしては幅広く、枝先にらせん状につく。

実の赤い部分は可食（12/25）

葉脈は主脈のみ見える

ウラ

変種ラカンマキの葉は短い

葉は2本ずつ束生する

一口メモ　北米原産で時に植えられるダイオウマツ（大王松）の葉は長さ30cm前後で3本が束生する。

アカエゾマツの球果。長さ5〜10cm（6/30）

葉先は尖る

葉は扁平で裏に白い気孔線が2本ある。枝は明色で無毛

葉先はあまり尖らない

エゾマツ【蝦夷松】 寒
Picea jezoensis
マツ科／高木／北、関東〜近畿
高山に生え、北海道産のものをエゾマツと呼び、本州産のものは葉や球果がやや小型で変種トウヒに区別される。外見はほぼ同じで、葉は表裏の区別が明瞭。樹皮は黒みを帯び網目状に裂ける。

葉の断面は四角形。枝は赤褐色で有毛

アカエゾマツ【赤蝦夷松】 寒 街
Picea glehnii
マツ科／高木／北海道、岩手
山地や高山の林や湿地に生え、主に寒地で街路樹や公園樹、盆栽にされる。エゾマツより葉が短く、表裏の区別がない。樹皮は網目状に裂け、やや赤みを帯びる。

アカエゾマツの街路樹（北海道）

トドマツ【椴松】 寒 街
Abies sachalinensis　マツ科／高木／北海道
北海道の丘陵〜高山に生え、用材や防風用に植林もされる。公園にも植えられる。モミ（p.150）の仲間で、樹形はモミに似て、葉先が凹み、球果はばらける。

日本産唯一の落葉針葉樹

カラマツ【唐松】 寒
Larix kaempferi
マツ科／高木／北、本
本州中部の高山に自生するが、用材用や防風林として寒地に広く植林されている。日本産針葉樹で唯一の落葉樹で、秋の黄葉は美しい。樹皮はアカマツに似る。球果は径約2cmの球形。

葉は軟らかく、触れても痛くない

トドマツの公園樹（北海道）

トドマツの樹皮は平滑で白っぽいことがよい特徴

葉は短枝に束生し、長枝ではらせん状につく

葉先はわずかに凹む

葉は扁平で裏に白い気孔帯が2本ある。枝は褐色で有毛

黄葉したカラマツの人工林（10/26）

一口メモ　エゾマツ、アカエゾマツ、トドマツは北海道を代表する針葉樹で、他の地方で見る機会は少ない。

スギに似た木
スギ、ヒマラヤスギ、メタセコイアなど

用材として優れる**スギ**は、日本一多く植林されている木で、葉がもこもこと丸く集まってつき、整った三角の樹形になることが特徴。このページでは、スギと樹形が似る木や、分類が近い種、スギと名のつく木などを集めてみた。

密集して植えられたスギの樹形（7/12）

ヒマラヤスギの球果。長さ10cm前後で、熟すとばらける（2/2）

雄花の蕾。ここから花粉が飛ぶ

スギの樹皮は茶色で縦に細かく裂ける

葉はカラマツより長く、先に触れると痛い

鎌形の葉が枝にらせん状につく

葉は短枝に束生し、長枝ではらせん状につく

↑ ヒマラヤスギ 【街】
【Himalaya杉】Cedrus deodara
マツ科／高木／ヒマラヤ原産
公園や生垣、街路、広い庭に植えられる。若葉は青白く、枝を垂れ気味に出す樹形が特徴。スギの名がつくがマツ科で、カラマツの葉に似る。

ヒマラヤスギの樹形

先は鋭く尖り、触れると痛い

表の溝に白い気孔線がある

ネズミサシの球果（2/2）

← ネズミサシ 【暖】【寒】
【鼠刺】Juniperus rigida
ヒノキ科／小高木／本〜九
低地〜山地のやせ地や尾根に時に生え、盆栽にされる。葉はスギに似るが三輪生することが違う。枝葉をネズミの通り道に置いたことが名の由来。別名ネズ。

→ スギ 【寒】【暖】【街】
【杉】Cryptomeria japonica
ヒノキ科／高木／本〜九
本来は山地の尾根や岩場に自生するが、低地〜山地まで広く植林されており、神社や公園、庭にも植えられる。鎌形の葉が独特で見分けやすい。

球果は枝に長く残る

ネズミサシの樹形

↘ ヒムロ 【街】
【姫榁】Chamaecyparis pisifera 'Squarrosa'
ヒノキ科／小高木／園芸種
サワラ（p.152）の栽培品種で時に庭木にされる。別名ヒムロスギといい、葉はスギに似るが青白くて細く、やや軟らかい。名は小さい榁（ネズミサシの古名）の意味。

やや珍しい木

← メタセコイア
Metasequoia glyptostroboides

ヒノキ科／高木／中国原産
公園や公共施設、街路などに植えられ、大木になる。和名はアケボノスギ（曙杉）で、樹形はスギに似るが、落葉樹なので葉は明るい黄緑色で、秋はレンガ色に紅葉する。

- 葉は軟らかい
- 葉や枝は対生する
- これは落葉樹

ラクウショウの幹付近の地中から出た呼吸根。ひざのように見えるため、膝根と呼ばれる

葉はメタセコイアより短く、互生する

→ ラクウショウ【落羽松】
Taxodium distichum

ヒノキ科／高木／北米原産
メタセコイアに似て公園などに植えられるが、植栽はやや少ない。原産地では湿地に自生し、幹の周囲に膝根を出すことが特徴で、ヌマスギ（沼杉）の名もある。

これは落葉樹

植えられる場所をくらべてみよう

- メタセコイアは葉色が明るく、広い公園や並木道に多い
- ラクウショウは湿地に育つので水辺に植えられることが多い
- センペルセコイアは商業施設やマンションに増えている
- コウヤマキは成長が遅く、庭や社寺に時に見られる

→ センペルセコイア【Semper Sequoia】
Sequoia sempervirens

ヒノキ科／高木／北米原産
公園などに時に植えられる。原産地では樹高100mを超える世界有数の大木になり、セコイア、セコイアメスギ、イチイモドキなどの呼称がある。樹皮は縦に裂け非常に厚い。

- 先はわずかに凹む
- やや珍しい木
- メタセコイアより色が濃い
- やや珍しい木

← コウヤマキ【高野槙】
Sciadopitys verticillata

コウヤマキ科／高木／本〜九
山地の岩尾根などに稀に生え、時に庭や公園に植えられる。棒状の葉が束生することが特徴。かつてスギとともにスギ科に分類されたこともある。

- 両面とも中央に溝がある
- 裏は白い気孔線が2本ある
- 葉先は尖るが触れても痛くない

📝 一口メモ　コウヤマキは「マキ」「ホンマキ」とも呼ばれるが、イヌマキ（p.146）もそう呼ばれることがある。

149

針葉樹 針状葉 常緑樹

針状葉が羽状に並ぶ
モミ、ツガ、イチイ、カヤなど

針状葉が羽状に並んでつく木のうち、マツ科の**モミ類**、**ツガ類**、**トウヒ類**は枝が褐色で、成木の葉はややらせん状につき、樹高30m前後になり林をつくる。一方、**イチイ**、**カヤ**、**イヌガヤ**は枝が緑色で、ふつう林はつくらない。

モミは枝を斜上させ三角樹形の大木になる。球果は長さ10cm弱で熟すとばらける（7/16）

100%

若木の葉先はわずかに二叉に分かれてやや尖る

➡ モミ【樅】暖 寒 街
Abies firma

マツ科／高木／本～九

丘陵～山地の尾根や岩場に生え、社寺や公園に時に植えられる。若木の葉先は2本に分かれ、成木の樹冠の葉は鈍く凹む。樹皮は灰白色で成木はひび割れる。

⬅ ウラジロモミ 寒 街
【裏白樅】Abies homolepis

マツ科／高木／東北～近畿、四

山地～高山に生え、公園樹やクリスマスツリーなどの利用はモミより多い。葉裏の気孔線はモミより白く、成木、若木とも葉先の凹みは小さい。樹皮はやや赤みを帯びる。

若木や日陰の枝の葉は、先が二叉に分かれて鋭く尖る

200%

成木の葉先

200%

100%

これは日陰の枝なので、葉が平面に並んでつく傾向が強い

長短の葉が交互につく

⬅ ツガ【栂】寒
Tsuga sieboldii

マツ科／高木／関東～九

山地～丘陵の尾根や岩場でモミとよく混生する。葉先は凹み、葉の長さは不ぞろい。樹皮は褐色で網目状に裂ける。よく似たコメツガが本州北部や四国の高山に広く分布し、葉が短く枝は有毛。

100%

先はわずかに凹み鈍い

ツガの球果は2～3cmでばらけない（6/1）

⬇ ドイツトウヒ 街
【独逸唐檜】Picea abies

マツ科／高木／ヨーロッパ原産

主に北日本で庭や公園に植えられ、防雪林などの植林もある。若木の樹形はモミに似て整い、老木は枝が垂れる。球果はエゾマツ（p.147）に似て長さ10～20cm。

葉先は1本で尖る。葉の表裏は不明瞭

100%

枝の裏側をくらべてみよう (200%)

モミは葉柄基部が丸く広がり、枝は短毛がある

ウラジロモミは気孔線がより白く、枝は明色で無毛

ツガは葉柄の下に葉枕の膨らみがあり、枝は無毛

ドイツトウヒは葉枕が突出し、枝は赤茶色で無毛

🔍 **識別のワンポイント** モミ、ツガ、トウヒ類は成木の樹冠に手が届かないので、若木や日陰の葉が主な観察対象。

イチイの実の赤い部分は食べられるが、種子は有毒なので飲み込まないよう注意 (10/14)

➡ **イチイ**【一位】 寒 街
Taxus cuspidata
イチイ科／高木／北〜九
山地〜高山の尾根などに時に生え、主に寒地で庭や生垣、公園によく植えられる。樹形はやや広びつで、成長は遅い。樹皮は赤茶色で縦に裂ける。別名オンコ、アララギ。

葉はイチイより短い

葉は軟らかく、先が尖るが触れても痛くない

100%

裏は気孔線が目立たず緑色

ウラ

街 寒
➡ **キャラボク**【伽羅木】
Taxus cuspidata var. nana
イチイ科／低木／本州日本海側
イチイの変種で、葉がらせん状につき、樹高1〜3mと小さい。高山の風が吹きつける尾根に稀に生える。庭木としては一般的で、刈り込みや生垣として各地に植えられる。イチイとの中間型もある。

100%

刈り込まれたキャラボクの庭木　イチイの若木の樹形

暖 寒 街
➡ **カヤ**【榧】
Torreya nucifera
イチイ科／高木／本〜九
丘陵〜山地の林に点在し、時に社寺や庭に植えられる。葉は硬くよく尖る。種子は炒って食べられ、食用や灯火用の油を採った。日本海側の多雪地では、幹が地をはう低木になり、変種チャボガヤと呼ばれる。

カヤの成木。三角樹形になる

➡ **イヌガヤ**【犬榧】 暖 寒
Cephalotaxus harringtonia
イチイ科／小高木／北〜九
カヤに似て丘陵〜山地の林に点在するが、樹高5m前後で、油や材が有用ではないので、劣るという意味の「犬」がつく。日本海側の多雪地では幹が地をはい、変種ハイイヌガヤと呼ばれる。

イヌガヤの実は赤紫色 (10/30)

カヤの実は緑色 (9/29)

葉は硬く、先に触れると痛い。枝葉をちぎると、グレープフルーツの香りがある

100%

葉先は触れても痛くない。枝葉に香りはない

100%

葉はカヤより長く軟らかく、裏の気孔線は幅広い

裏は細い気孔線が2本ある

ウラ

|5|

うろこ状の葉1
ヒノキ、サワラ、ビャクシン類など

針葉樹の中には、**ヒノキ**や**サワラ**に代表されるように、うろこ状の鱗状葉をもつ種類もある。長さ数mmのうろこ一つひとつが1枚の葉で、枝に密着して対生している。ただし**イブキ類**のように鱗状葉と針状葉が混在するものもある。

ヒノキの若木。下は球果（12/16）

◀ **サワラ**【椹】街 寒 暖
Chamaecyparis pisifera
ヒノキ科／高木／本、九
山地の谷沿いなどに稀に生え、時に社寺や公園、林内に植えられる。材がさわらか（軽軟）なことが名の由来。栽培品種のヒヨクヒバ（p.154）、シノブヒバ（p.155）、ヒムロ（p.148）などが庭木にされる。

▶ **ヒノキ**【檜】暖 寒 街
Chamaecyparis obtusa
ヒノキ科／高木／関東～九
最高級の建築材で低地～山地に広く植林され、社寺や公園にも植えられる。本来の自生は山地の岩場。名は火をおこす木に使ったため。栽培品種のチャボヒバやクジャクヒバ（p.155）が庭木にされる。

葉先はヒノキにくらべて尖る

ヒノキの樹皮はスギより幅広く裂け、はがれやすい

葉先は鈍い。ちぎると香りがある

枝葉はヒノキよりややまばらな印象

栽培品種のチャボヒバ。低木性で枝葉が扇形に密集する

葉裏の気孔帯をくらべてみよう

サワラはX字形（チョウ形）の気孔帯がある

アスナロはW字形にも見える太い気孔帯がある

ヒノキはY字形の細い気孔帯がある

鱗状葉はヒノキ科最大級の大きさ

やや珍しい木

◀ **アスナロ**【翌檜】寒 暖 街
Thujopsis dolabrata
ヒノキ科／高木／北～九
山地の尾根などに稀に生え、時に社寺や庭に植えられる。名は「明日ヒノキになろう」の意味ともいわれる。本州北部では用材用に植林もされ、林業ではヒバ（檜葉）と呼ばれることが多い。

似ているけど別の仲間

ヒノキバヤドリギ【檜葉寄生木】暖
Korthalsella japonica
ビャクダン科／小低木／関東～沖
ヒサカキなど主に常緑樹の樹上に寄生し、樹高10～20cm程度。葉は退化して、節のある緑色の枝が独特。

葉は鱗片状に退化している

果実

ヒサカキの枝に寄生した個体

神社に植えられたアスナロ

やや珍しい木

球果

葉はやや青白い

100%

枝葉は表裏の区別がなく、断面は丸い

イブキより鮮やかな緑色で、枝葉がよく密集する

100%

神社に植えられたイブキ

地をはうミヤマビャクシン

↑ミヤマビャクシン 街 寒
【深山柏槇】
Juniperus chinensis var. sargentii
ヒノキ科／匍匐性低木／北～九
イブキの変種で、山地～高山または海岸の岩場に生え、幹が地をはい樹高50cm前後。葉はふつう鱗状葉。斜面などを覆うグランドカバーとして庭や公園に植えられる。よく似た変種のハイビャクシンは針状葉だが、ミヤマビャクシンと混同されている。

←イブキ【伊吹】 暖 寒 街
Juniperus chinensis var. chinensis
ヒノキ科／小高木／北～九
主に海岸の岩場に稀に生え、時に社寺に植えられる。枝葉や幹がねじれた樹形が多い。成木の葉はうろこ状だが、幼木や刈り込んだ枝では針状の葉がつく。名は滋賀県の伊吹山にちなむといわれる。別名ビャクシン（柏槇）、イブキビャクシン。

←カイヅカイブキ【貝塚伊吹】 街
Juniperus chinensis 'Kaizuka'
ヒノキ科／小高木／園芸種
イブキの栽培品種で、枝葉が明るい緑色で密につくため、庭や公園、生垣などによく植えられる。名は大阪府貝塚市にちなむともいわれる。

やや刈り込まれたカイヅカイブキ

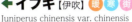

100%

刈り込んだ枝の葉。針状葉が三輪生か十字対生する

先に触れると痛い

放置されたカイヅカイブキは、枝葉が旋回し炎のような樹形

→ブルーパシフィック 街
Juniperus conferta 'Blue pacific'
ヒノキ科／匍匐性低木／園芸種
海岸に自生するハイネズの栽培品種で、グランドカバーとして公園や庭などに近年よく植えられる。葉は青緑色の針状葉で、三輪生か十字対生する。

幹が地をはう樹形

似ているけど別の仲間

ギョリュウ【御柳】
Tamarix chinensis

ギョリュウ科／小高木／中国原産
葉はヒノキのような細く小さな鱗状葉だが、広葉樹の仲間。ヤナギに似て水辺に生育し、枝先はやや垂れる。稀に庭木にされる。

これは落葉樹

花は淡いピンク～白色（5/5）

100%

300%

葉は互生

先は尖り、触れると痛い

これは針状葉

100%

表に白い気孔線がある

153

うろこ状の葉2
コニファー類

園芸用に品種改良された針葉樹を一般にコニファーと呼ぶ。昔からある**オウゴンヒヨクヒバ**や、定番の**ゴールドクレスト**をはじめ、近年増えている外国産種の栽培品種も含め、鱗状葉をつけるコニファーの代表品種を紹介した。

ゴールドクレストの鉢植え（12/11）

➡ オウゴンヒヨクヒバ 街
【黄金比翼檜葉】
Chamaecyparis pisifera 'Filifera Aurea'
ヒノキ科／小高木／園芸種

サワラ（p.152）の栽培品種で、枝が糸状に垂れ、葉が黄色く色づく。フィリフェラオーレアとも呼ぶ。葉が緑色のものはヒヨクヒバ（別名イトヒバ；糸檜葉）という。古くから庭木にされる。

ヒヨクヒバの葉。枝の一部が長く伸びて垂れ下がる

オウゴンヒヨクヒバの葉。表は鮮やかな黄金色に色づく

オウゴンヒヨクヒバの枝

裏はサワラ同様にX字形の気孔帯がある

➡ ゴールドクレスト 街
Cupressus macrocarpa 'Goldcrest'
ヒノキ科／小高木／園芸種

北米原産のモントレーイトスギの栽培品種。クリスマス用の鉢植えや庭木に多用され、コニファーブームの火つけ役となった。黄金色の葉が鮮やかで、やや針状の葉も見られる。樹高5m前後になる。

うろこ状の葉。冬は特に黄色が濃くなる

やや針状の葉。夏は黄緑〜黄色の蛍光色

葉をちぎるとサンショウのような香りがある

オウゴンコノテガシワの葉。枝先の若葉ほど黄色く色づく

コノテガシワの原種。樹高5〜10mの小高木

コノテガシワの葉。原種の葉は緑色で、枝はややまばら

➡ オウゴンコノテガシワ 街
【黄金児手柏】
Platycladus orientalis 'Aurea Nana'
ヒノキ科／低木／園芸種

中国原産のコノテガシワの栽培品種で、葉が黄色く色づき、枝葉が密につく。葉は縦方向につき、表裏の区別がない。樹高1〜2mの低木性のタイプが庭や公園に植えられる。

気孔帯はほとんど見えず、表裏とも同じ

オウゴンコノテガシワの樹形

球果はこんぺい糖のような形

📝 一口メモ　conifer（コニファー）は本来、針葉樹全般を指す英語。

枝先の葉は黄色く色づく

➡ オウゴンシノブヒバ 街
【黄金忍檜葉】Chamaecyparis pisifera 'Plumosa Aurea'
ヒノキ科／高木／園芸種
サワラ（p.152）の栽培品種で、葉は小さな針状で、黄金色を帯びる。昔から生垣や庭木に植えられ、樹高8m以上になる。別名ニッコウヒバ（日光檜葉）。

➡ オウゴンクジャクヒバ 街
【黄金孔雀檜葉】Chamaecyparis obtusa 'Filicoides Aurea'
ヒノキ科／小高木／園芸種
ヒノキ（p.152）の栽培品種で、枝葉がクジャクの尾のように伸びて黄金色を帯びる。緑色のものはクジャクヒバという。昔から庭木にされる。

枝先の葉は黄色く色づく

直線的に伸びた枝の両側に短い枝葉が並ぶ

裏の気孔帯は見えない

基部の葉ほど針状

裏はサワラ同様にX字形の気孔帯がある

裏も気孔帯は目立たない

オウゴンシノブヒバの列植

オウゴンクジャクヒバの枝葉

球果

鱗状葉は丸みが強く、裏の気孔帯は不明瞭

➡ レイランドヒノキ 街
【Leyland 檜】
× Cupressocyparis leylandii
ヒノキ科／小高木／園芸種
北米原産でヒノキ属のアラスカヒノキと、イトスギ属のモントレーイトスギを交配させた属間雑種で、黄金葉や斑入りなどの栽培品種があり、庭や公園、生垣に近年よく植えられている。

レイランドヒノキの生垣

葉は青みを帯び、ヒノキより細長い

➡ ブルーヘブン 街
Juniperus scopulorum 'Blue Heaven'
ヒノキ科／小高木／園芸種
北米原産のコロラドビャクシンの栽培品種で、葉は白みを帯びた青緑色。よく似た栽培品種にウィチタブルー、ブルーエンジェル、スカイロケットなどがあり、いずれも葉は青白く、庭や公園に近年よく植えられる。狭長な円錐樹形になるものが多い。

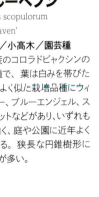
コロラドビャクシン系の栽培品種は木全体が青白く見える

若葉ほど白いワックスをかぶる

葉をもむとフルーティな香りがある

⬆ ニオイヒバ 街
【匂檜葉】
Thuja occidentalis
ヒノキ科／高木／北米原産
葉はヒノキに似るが、甘い芳香があり、裏の気孔帯は見えない。主に北日本で庭や公園に植えられる他、グリーンコーン、スマラグド、ヨーロッパゴールドなど、葉色が美しい狭長な円錐樹形の栽培品種が多く、庭や公園によく植えられる。

グリーンコーンの苗木

➡ ブルーアイス 街
Cupressus arizonica 'Blue Ice'
ヒノキ科／小高木／園芸種
北米原産のアリゾナイトスギの栽培品種で、雪の結晶のように分岐した青白い枝葉が特徴的。類似する栽培品種のピラミダリスとともに、庭や公園に近年よく植えられている。

丸い腺点がある

識別のワンポイント　コニファー類の葉は、冬に黄色が濃くなるものや、赤みを帯びるものが多い。

さくいん

写真掲載種は太字で表記しています。

ア

- アイノコフユイチゴ ── 141
- アイビー→**セイヨウキヅタ** 140
- アオガシ→**ホソバタブ** ── 85
- **アオキ** ── 71
- **アオギリ** ── 107
- **アオダモ** ── 126
- **アオツヅラフジ** ── 141
- **アオハダ** ── 50
- **アオモジ** ── 38
- **アカエゾマツ** ── 147
- **アカガシ** ── 89,91
- アカシア→**ニセアカシア** 130
- アカシア類 ── 133
- **アカシデ** ── 44
- **アカバナトキワマンサク** 97
- **アカマツ** ── 146
- **アカメガシワ** ── 16,105
- アカメモチ→**カナメモチ** ── 92
- アカメヤナギ→**マルバヤナギ** 49
- **アカヤシオ** ── 69
- **アキグミ** ── 36
- **アキニレ** ── 42
- **アケビ** ── 142
- アケビガキ→**ポポー** ── 29
- アケボノスギ→**メタセコイア** 149
- **アサガラ** ── 14
- **アサクラザンショウ** ── 120
- **アサダ** ── 45
- **アサノハカエデ** ── 102
- **アジサイ** ── 56
- **アズキナシ** ── 23
- アズサ→**ミズメ** ── 45
- **アスナロ** ── 152
- **アズマイバラ** ── 118
- **アズマシャクナゲ** ── 86
- **アセビ** ── 81
- アツシ→**オヒョウ** ── 43
- **アテツマンサク** ── 21
- **アブラギリ** ── 105
- **アブラチャン** ── 38
- **アベマキ** ── 30,91
- **アベリア** ── 35
- **アマギツツジ** ── 65
- **アマヅル** ── 139
- **アマミアラカシ** ── 91
- アマミヒイラギモチ→── 72

- **アメリカキササゲ** ── 104
- アメリカザイフリボク
  - →**ジューンベリー** ── 52
- アメリカシャクナゲ→**カルミア** 87
- **アメリカスズカケノキ** ── 106
- **アメリカデイゴ** ── 117
- **アメリカヒイラギ** ── 72
- アメリカフウ→**モミジバフウ** 108
- アメリカヤマボウシ
  - →**ハナミズキ** ── 25
- **アラカシ** ── 88,91
- アララギ→**イチイ** ── 151
- **アリドオシ** ── 79
- **アワブキ** ── 14
- **アンズ** ── 55
- **イイギリ** ── 17
- **イズセンリョウ** ── 93
- **イスノキ** ── 96
- **イソノキ** ── 48
- イタジイ→**スダジイ** ── 90,91
- **イタチハギ** ── 130
- **イタビカズラ** ── 137
- **イタヤカエデ** ── 102
- イタヤメイゲツ
  - →**コハウチワカエデ** ── 101
- **イチイ** ── 151
- **イチイガシ** ── 89,91
- イチイモドキ
  - →**センペルセコイア** ── 149
- **イチゴノキ** ── 83
- **イチジク** ── 113
- 一葉 ── 46
- **イチョウ** ── 113
- 一両→**アリドオシ** ── 79
- イトザクラ→**シダレザクラ** ── 31
- イトヒバ→**ヒヨクヒバ** ── 154
- **イヌエンジュ** ── 131
- **イヌガシ** ── 75
- **イヌガヤ** ── 151
- **イヌコリヤナギ** ── 59
- **イヌザクラ** ── 49
- **イヌザンショウ** ── 120
- **イヌシデ** ── 44
- **イヌツゲ** ── 78
- **イヌビワ** ── 63
- **イヌブナ** ── 64
- **イヌマキ** ── 146
- イヌリンゴ→**ヒメリンゴ** ── 52

- **イブキ** ── 153
- イブキビャクシン→**イブキ** 153
- **イボタノキ** ── 33
- **イロハモミジ** ── 100
- **イワガラミ** ── 138
- **インドボダイジュ** ── 18
- **ウィチタブルー** ── 155
- **ウグイスカグラ** ── 35
- ウケザキオオヤマレンゲ── 15
- **ウコギ** ── 115
- ウシコロシ→**カマツカ** ── 50
- **ウスギモクセイ** ── 99
- **ウスギヨウラク** ── 69
- **ウスノキ** ── 53
- **ウツギ** ── 58
- ウノハナ→**ウツギ** ── 58
- **ウバメガシ** ── 80,88,91
- **ウメ** ── 47,55
- **ウメモドキ** ── 50
- ウラジロイチゴ
  - →**エビガライチゴ** ── 119
- **ウラジロガシ** ── 88
- **ウラジロナナカマド** ── 122
- **ウラジロノキ** ── 23
- **ウラジロモミ** ── 150
- **ウラジロヨウラク** ── 69
- **ウリカエデ** ── 103
- **ウリノキ** ── 111
- **ウリハダカエデ** ── 41,102
- **ウルシ** ── 129
- **ウワミズザクラ** ── 49
- **ウンシュウミカン** ── 77
- **ウンゼンツツジ** ── 66
- **ウンナンオウバイ** ── 117
- **エゴノキ** ── 51
- **エゾアジサイ** ── 56
- **エゾコリンゴ** ── 110
- **エゾマツ** ── 147
- エゾヤマザクラ
  - →**オオヤマザクラ** ── 47
- **エゾユズリハ** ── 85
- **エドヒガン** ── 31
- **エニシダ** ── 117
- **エノキ** ── 43
- **エビガライチゴ** ── 119
- **エビヅル** ── 139
- **エンコウカエデ** ── 102
- **エンジュ** ── 131

- エンシュウシャクナゲ
  - →**ホソバシャクナゲ** ── 86
- **オウゴンガシワ** ── 27
- **オウゴンクジャクヒバ** ── 155
- **オウゴンコノテガシワ** ── 154
- **オウゴンシノブヒバ** ── 155
- **オウゴンヒヨクヒバ** ── 154
- **オウバイ** ── 117
- オウバイモドキ
  - →**ウンナンオウバイ** ── 117
- オオアブラギリ
  - →**シナアブラギリ** ── 105
- **オオアリドオシ** ── 79
- **オオイタビ** ── 137
- **オオイタヤメイゲツ** ── 101
- **オオカナメモチ** ── 92
- **オオカメノキ** ── 20
- **オオシマザクラ** ── 47
- **オオタチヤナギ** ── 31
- **オオツクバネガシ** ── 89
- オオツヅラフジ→**ツヅラフジ** 141
- **オオデマリ** ── 20
- オオナラ→**ミズナラ** ── 26
- **オオバアサガラ** ── 14
- **オオバウマノスズクサ** ── 137
- オオバグミ→**マルバグミ** ── 37
- **オオバクロモジ** ── 38
- **オオバスノキ** ── 53
- **オオバヤシャブシ** ── 45
- **オオミヤマガマズミ** ── 59
- **オオムラサキ** ── 67
- **オオムラサキシキブ** ── 60
- **オオモミジ** ── 100
- **オオヤマザクラ** ── 47
- **オオヤマレンゲ** ── 15
- **オカウコギ** ── 115
- **オガタマノキ** ── 97
- オカメヅタ→**カナリーキヅタ** 140
- **オキナワウラジロガシ** ── 88,91
- **オタフクナンテン** ── 135
- **オトコヨウゾメ** ── 59
- **オニイタヤ** ── 102
- **オニグルミ** ── 124
- **オノエヤナギ** ── 32
- **オヒョウ** ── 43
- 雄松→**クロマツ** ── 146
- **オリーブ** ── 98
- オンコ→**イチイ** ── 151
- **オンツツジ** ── 65

カ

- カイコウズ→**アメリカデイゴ** 117
- **カイヅカイブキ** ── 153
- カイドウ→**ハナカイドウ** ── 52
- カエデ類 ── 100～103
- カカラ→**サルトリイバラ** ── 136
- **カキノキ** ── 62
- カキノキダマシ→**チシャノキ** 63
- **ガクアジサイ** ── 56

ガクウツギ	35	キンギンカ→スイカズラ	138	コデマリ	34	サンショウバラ	119
カクミノスノキ→ウスノキ	53	ギンゴウカン→ギンネム	132	コトネアスター→ベニシタン	78	シイ類	90
カクレミノ	75,111	キンシバイ	33	コナシ→ズミ	110	シェフレラ→ヤドリフカノキ	115
カゴノキ	41,83	ギンネム	132	コナラ	26,91	シオジ	125
カザンデマリ	95	キンモクセイ	99	コニファー類	154～155	シキミ	76
カジイチゴ	109	ギンモクセイ	99	コノテガシワ	154	獅子頭	94
カジカエデ	102	ギンヨウアカシア	133	コハウチワカエデ	101	シジミバナ	34
カシグルミ	124	クコ	34	コバノガマズミ	59	シダレザクラ	31
カジノキ	113	クサイチゴ	119	コバノトネリコ→アオダモ	126	シダレヤナギ	32
カシ類	88,89	クサギ	16,39	コバノミツバツツジ	65	シチヘンゲ→ランタナ	99
カシワ	27,91	クサツゲ→ヒメツゲ	78	コブシ	28	シデコブシ	28
カシワバアジサイ	104	クサボケ	52	コボタンヅル	143	シデ類	44
カスミザクラ	47	クジャクヒバ	155	ゴマギ	39	シナアブラギリ	105
カツラ	18	クズ	143	コマユミ	61	シナサワグルミ	123
カナクギノキ	39	クスノキ	74	コミネカエデ	100	シナノガキ	62
カナメモチ	92	クスノハカエデ	102	コムラサキ	60	シナノキ	18
カナリーキヅタ	140	クチナシ	99	コメツガ	150	シナヒイラギモチ→ヒイラギモチ	72
カポック→ヤドリフカノキ	115	クヌギ	30,91	コメツツジ	68	シナマンサク	21
ガマズミ	20	クフェア	78	ゴヨウアケビ	143	シナミザクラ→ダンチオウトウ	55
カマツカ	50	クマイチゴ	109	ゴヨウツツジ→シロヤシオ	69	シナレンギョウ	59
カミエビ→アオツヅラフジ	141	クマシデ	44	ゴヨウマツ	146	シノブヒバ	155
カミヤツデ	107	クマノミズキ	24	コリンゴ→ズミ	110	シマサルスベリ	40
カヤ	151	クマヤナギ	136	コルククヌギ→アベマキ	30	シマトネリコ	126
カラコギカエデ	103	グミモドキ	37	コロラドビャクシン		シモクレン	28
カラスウリ	139	グミ類	36,37	→ブルーヘブン	155	シモツケ	34
カラスザンショウ	120	クリ	30	ゴンズイ	127	ジャカランダ	132
カラタチ	117	グリーンコーン	155	コンテリギ→ガクウツギ	35	シャクナゲ類	86
カラタチバナ	79	クルミ類	124			ジャクモンティー	41
カラタネオガタマ	97	クルメツツジ	67	**サ**		ジャケツイバラ	145
カラフトイバラ	119	クロイチゴ	119			シャシャンボ	94
カラマツ	147	クロウメモドキ	51	サイカチ	135	ジャヤナギ	31
カリン	41	クロガネモチ	96	サイゴクミツバツツジ	65	シャラノキ→ナツツバキ	40
カルミア	87	クロキ	95	ザイフリボク	52	シャリントウ→ベニシタン	78
カワヤナギ	32	クロバイ	95	サオトメカズラ→ヘクソカズラ	138	シャリンバイ	81
カンザブロウノキ	71	クロバナエンジュ→イタチハギ	130	サカキ	97	十両→ヤブコウジ	79
関山	46	クロマツ	146	サクラ類	46,47	ジューンベリー	52
勘次郎	94	クロモジ	38	サクランボ	55	ジョウリョクヤマボウシ	25
カンツバキ	94	クワ類	112	ザクロ	33	シラカシ	88,91
カントウマユミ	61	ケケンポナシ	17	サザンカ	94	シラカバ	18,41
ガンピ	53	ゲッケイジュ	76	サツキ	67	シラカンバ→シラカバ	18,41
カンボク	103	ケヤキ	42	サツキツツジ→サツキ	67	シラキ	62
カンレンボク	25	ケヤマハンノキ	23	サトザクラ	46	シリブカガシ	90,91
キイチゴ類	109,119,141	ケンポナシ	17	サナギイチゴ	119	シロザクラ→イヌザクラ	49
キササゲ	104	コアカソ	23	サニーフォスター	72	シロタブ→シロダモ	75
キタゴヨウ	146	コアジサイ	23	サネカズラ	136	シロダモ	75
キヅタ	140	ゴウカンボク→ネムノキ	132	サビバナナカマド	122	シロバイ	95
キヌヤナギ	32	コウゾ	17	サラサドウダン	68	シロモジ	111
キハギ	117	皇帝ダリア→コダチダリア	135	サラサモクレン	28	シロヤシオ	69
キハダ	129	コウヤマキ	149	サルスベリ	40	シロヤナギ	32
キバナウツギ	57	コウヤミズキ	21	サルトリイバラ	136	シロヤマブキ	43
キブシ	48	ゴールドクレスト	154	サワグルミ	124	シロリュウキュウ	
キミノセンリョウ	79	コガクウツギ	35	サワシデ→サワシバ	44	→リュウキュウツツジ	67
キャラボク	151	コクサギ	29,39	サワシバ	44	シンジュ	121
キョウチクトウ	83	コゴメウツギ	110	サワフタギ	51	ジンチョウゲ	81
キヨスミミツバツツジ	65	コゴメヤナギ	32	サワラ	152	スイカズラ	138
ギョリュウ	153	コシアブラ	115	サンカクヅル	139	スイフヨウ	108
キリ	16,104	コジイ→ツブラジイ	90,91	サンキライ→サルトリイバラ	136	スカイロケット	155
キリシマツツジ→クルメツツジ	67	コジイキイチゴ	119	サンゴジュ	71	スギ	148
キンカン	77	コダチダリア	135	サンシュユ	25	スキミア→ミヤマシキミ	76
キンキマメザクラ	47	コツクバネウツギ	35	サンショウ	120	スズカケノキ	106

157

スダジイ	90,91	ツガ	150
スドウツゲ→ボックスウッド	78	ツクシシャクナゲ	86
スノキ	53	ツクシハギ	117
スマラグド	155	ツクバネウツギ	35
ズミ	110	ツクバネガシ	89
スモモ	31,55	ツゲ	78
セイヨウキヅタ	140	ツタ	140
セイヨウザイフリボク →ジューンベリー	52	ツタウルシ	143
セイヨウシャクナゲ	86	ツツジ類	65〜69
セイヨウツゲ→ボックスウッド	78	ツヅラフジ	141
セイヨウバイカウツギ	58	ツノハシバミ	22
セイヨウバクチノキ	70	ツバキ類	92
セイヨウヒイラギ	72	ツブラジイ	90,91
セイヨウミザクラ→サクランボ	55	ツリバナ	61
セコイア→センペルセコイア	149	ツルアジサイ	138
セコイアメスギ →センペルセコイア	149	ツルウメモドキ	136
セッコツボク→ニワトコ	127	ツルグミ	37
センダン	134	ツルシキミ	76
センニンソウ	145	ツルマサキ	138
センノキ→ハリギリ	108	テイカカズラ	138
センペルセコイア	149	デイゴ	117
センリョウ	79	テウチグルミ→カシグルミ	124
ソシンロウバイ	63	テツカエデ	102
ソメイヨシノ	46	テマリカンボク	103
ソヨゴ	96	テリハノイバラ	118
		天狗の羽団扇→ヤツデ	107
タ		ドイツトウヒ	150
ダイオウグミ→ビックリグミ	36	トウカエデ	103
ダイオウマツ	146	トウゴクミツバツツジ	65
タイサンボク	87	トウコマツナギ	130
ダイセンミツバツツジ	65	ドウダンツツジ	66
タイワンフウ→フウ	110	トウネズミモチ	98
タカオカエデ→イロハモミジ	100	トウヒ	147
タカネバラ	119	トキワアケビ→ムベ	142
タカノツメ	116	トキワコブシ→オガタマノキ	97
ダケカンバ	41	トキワサンザシ	95
タチバナモドキ	95	トキワマンサク	97
タチヤナギ	31	トサノミツバツツジ	65
タニウツギ	57	トサミズキ	21
タニガワハンノキ	23	トチノキ	15,114
タブノキ	84	トドマツ	147
タマアジサイ	56	トネリコ	127
タムシバ	39	トネリコバノカエデ	127
タラノキ	134	トベラ	80
タラヨウ	70		
ダンコウバイ	111	**ナ**	
ダンチオウトウ	55	ナガバモミジイチゴ	109
タンナサワフタギ	51	ナギ	98
チシャノキ	63	ナシ	55
チドリノキ	44	ナツグミ	36
チャノキ	92	ナツダイダイ→ナツミカン	77
チャボガヤ	151	ナツヅタ→ツタ	140
チャボヒバ	152	ナツツバキ	40
チャンチン	121	ナツハゼ	53
チョウジャノキ→メグスリノキ	116	ナツフジ	144
チョウセンレンギョウ	59	ナツミカン	77
チンシバイ→ニワナナカマド	122	ナツメ	75
		ナナカマド	122
		ナナミノキ	93

ナナメノキ→ナナミノキ	93	ハクチョウゲ	78
ナラガシワ	27,91	ハクモクレン	29
ナラ類	26,27	ハコネウツギ	57
ナリヒラヒイラギナンテン	73	ハコヤナギ→ヤマナラシ	21
ナワシロイチゴ	119	ハゴロモジャスミン	145
ナワシログミ	37	ハゼノキ	128
ナンキンハゼ	19	バッコヤナギ	49
ナンジャモンジャ →ヒトツバタゴ	63	ハナイカダ	48
ナンテン	135	ハナカイドウ	52
ニオイヒバ	155	ハナカエデ→ハナノキ	103
ニガイチゴ	109	ハナガガシ	89
ニガキ	123	ハナズオウ	19
ニシキウツギ	57	ハナセンナ	131
ニシキギ	61	ハナノツクバネウツギ →アベリア	35
ニセアカシア	130	ハナノキ	103
ニッケイ	74	ハナミズキ	25
ニッコウヒバ →オウゴンシノブヒバ	155	ハナモモ	31
ニレ類	42,43	ハネカワ→アサダ	45
ニワウルシ→シンジュ	121	ハマセンダン	126
ニワトコ	127	ハマナス	118
ニワナナカマド	122	ハマヒサカキ	94
ニンジンボク	114	ハマビワ	86
ニンドウ→スイカズラ	138	バラ'アバランチェ'	119
ヌマスギ→ラクウショウ	149	バライチゴ	119
ヌルデ	123	バラ'パパメイアン'	119
ネグンドカエデ →トネリコバノカエデ	127	バラ類	118,119
ネコシデ	23	ハリエンジュ→ニセアカシア	130
ネコヤナギ	31	ハリギリ	108
ネジキ	64	バリバリノキ	85
ネズ→ネズミサシ	148	ハルニレ	43
ネズミサシ	148	ハンノキ	48
ネズミモチ	98	ヒイラギ	72
ネムノキ	132	ヒイラギナンテン	73
ノイバラ	118	ヒイラギモクセイ	72
ノウゼンカズラ	145	ヒイラギモチ	72
ノグルミ	123	ヒサカキ	94
ノコギリシバ→タラヨウ	70	ビックリグミ	36
ノダフジ→フジ	144	ヒトツバカエデ	19
ノバラ→ノイバラ	118	ヒトツバタゴ	63
ノブドウ	139	ヒナウチワカエデ	101
ノムラモミジ	100	美男葛→サネカズラ	136
ノリウツギ	57	ヒノキ	152
		ヒノキバヤドリギ	152
ハ		ヒバ→アスナロ	152
ハイイヌガヤ	151	ヒペリクム・ヒドコート	33
バイカウツギ	58	ヒマラヤスギ	148
バイカシモツケ→リキュウバイ	52	ヒムロ	148
バイカツツジ	68	ヒムロスギ→ヒムロ	148
パイナップルグアバ →フェイジョア	99	ヒメアオキ	71
ハイノキ	95	ヒメイタビ	137
ハイビャクシン	153	ヒメウコギ	115
ハウチワカエデ	101	ヒメウツギ	58
ハギ類	117	ヒメコウゾ	112
ハクウンボク	22	ヒメコブシ→シデコブシ	28
バクチノキ	41,70	ヒメコマツ	146
		ヒメシャラ	40
		ヒメタイサンボク	87
		ヒメツゲ	78
		ヒメヤシャブシ	45

ヒメユズリハ ― 85	ボダイジュ ― 18	ミヤマハハソ ― 27	ヤマイバラ ― 119
ヒメリンゴ ― 52	ボタンヅル ― 143	ミヤマビャクシン ― 153	ヤマウグイスカグラ ― 35
ヒャクジツコウ→**サルスベリ** 40	ボックスウッド ― 78	ミヤマフユイチゴ ― 141	ヤマウコギ ― 115
ビャクシン→**イブキ** ― 153	ホツツジ ― 68	ムクゲ ― 110	ヤマウルシ ― 129
百両→**カラタチバナ** ― 79	ポプラ ― 18	ムクノキ ― 42	ヤマガキ ― 62
ヒュウガミズキ ― 21	ポポー ― 29	ムクロジ ― 129	ヤマグルマ ― 93
ヒョウタンボク ― 35	ホルトノキ ― 82	ムシカリ→**オオカメノキ** ― 20	ヤマグワ ― 17,112
ビヨウヤナギ ― 33	本サカキ→**サカキ** ― 97	ムベ ― 142	ヤマコウバシ ― 38
ヒヨクヒバ ― 154	ホンシャクナゲ ― 86	ムラサキシキブ ― 60	ヤマザクラ ― 46
ピラカンサ ― 95	ホンマキ→**コウヤマキ** ― 149	ムラサキハシドイ→**ライラック** 19	ヤマツツジ ― 66
ヒラドツツジ ― 67		ムラサキヤシオ ― 69	ヤマテリハノイバラ ― 118
ピラミダリス ― 155	**マ**	メイゲツカエデ→**ハウチワカエデ** 101	ヤマトアオダモ ― 125
ヒロハノツリバナ ― 61	マグワ ― 112	メギ ― 34	ヤマナシ ― 55
ビワ ― 87	マサキ ― 80	メキシコハナヤナギ→**クフェア** 78	ヤマナラシ ― 21
フィリフェラオーレア	マツハダ→**シロヤシオ** ― 69	メグスリノキ ― 116	ヤマネコヤナギ→**バッコヤナギ** 49
→**オウゴンヒヨクヒバ** ― 154	マツラニッケイ→**イヌガシ** ― 75	メタセコイア ― 149	ヤマハギ ― 117
フウ ― 110	マツ類 ― 146	メダラ ― 134	ヤマハゼ ― 128
フウトウカズラ ― 137	マテバシイ ― 84,91	雌松→**アカマツ** ― 146	ヤマハンノキ ― 23
フェイジョア ― 99	マメイヌツゲ→**マメツゲ** ― 78	メラノキシロンアカシア ― 133	ヤマビワ ― 86
普賢象 ― 46	マメガキ ― 62	モガシ→**ホルトノキ** ― 82	ヤマブキ ― 43
フサアカシア ― 133	マメグミ ― 36	モクセイ→**ギンモクセイ** ― 99	ヤマフジ ― 144
フサザクラ ― 22	マメザクラ ― 47	モクセイ類 ― 72,99	ヤマブドウ ― 139
フサフジウツギ ― 60	マメツゲ ― 78	モクレン類 ― 28,29	ヤマボウシ ― 25
フジ ― 144	マユミ ― 61	モチツツジ ― 66	ヤマモミジ ― 100
フジイバラ ― 119	マルバアオダモ ― 126	モチノキ ― 96	ヤマモモ ― 82
フジキ ― 131	マルバウツギ ― 58	モッコウバラ ― 118	ユキグニミツバツツジ ― 65
ブッドレア→**フサフジウツギ** 60	マルバグミ ― 37	モッコク ― 82	ユキツバキ ― 92
ブドウ類 ― 139	マルバデイゴ ― 117	モミ ― 150	ユキヤナギ ― 34
ブナ ― 64,91	マルバニッケイ ― 75	モミジイチゴ ― 109	ユクノキ ― 131
プミラ→**オオイタビ** ― 137	マルバノキ ― 19	モミジウリノキ ― 111	ユズ ― 77
フユイチゴ ― 141	マルバハギ ― 117	モミジバスズカケノキ ― 41,106	ユスラウメ ― 55
フユザンショウ ― 123	マルバマンサク ― 21	モミジバフウ ― 108	ユズリハ ― 85
フユヅタ→**キヅタ** ― 140	マルバヤナギ ― 49	モミジ類 ― 100	ユリノキ ― 106
フヨウ ― 108	マルメロ ― 55	モモ ― 31,55	ヨーロッパキイチゴ ― 119
プラタナス ― 106	マンサク ― 21	モリシマアカシア ― 133	ヨーロッパゴールド ― 155
ブラックベリー ― 114	マンネンロウ→**ローズマリー** 76	モンゴリナラ ― 91	ヨグソミネバリ→**ミズメ** ― 45
プラム→**スモモ** ― 31,55	マンリョウ ― 79		ヨシノヤナギ ― 32
プリベット ― 33	ミカン→**ウンシュウミカン** ― 77	**ヤ**	
ブルーアイス ― 155	ミズキ ― 24	八重桜 ― 46	**ラ**
ブルーエンジェル ― 155	ミズナラ ― 26,91	ヤエベニシダレ ― 31	ライラック ― 19
ブルーパシフィック ― 153	ミズメ ― 45	ヤエヤマブキ ― 43	ラクウショウ ― 149
ブルーヘブン ― 155	ミズザクラ→**ミズメ** ― 45	ヤシャブシ ― 45	ラズベリー ― 119
ブルーベリー ― 53	ミツデカエデ ― 116	ヤナダモ ― 125	ランクナ ― 99
プルプレア ― 133	ミツバアケビ ― 143	ヤツデ ― 107	リキュウバイ ― 52
ヘクソカズラ ― 138	ミツバウツギ ― 116	ヤドリフカノキ ― 115	リュウキュウツツジ ― 67
ベニカナメモチ→**レッドロビン** 92	ミツバカイドウ→**ズミ** ― 110	ヤナギヒイラギナンテン	リュウキュウマメガキ ― 62
ベニシタン ― 78	ミツバツツジ ― 65	→**ナリヒラヒイラギナンテン** 73	リョウブ ― 27,41
ベニバナトチノキ ― 114	ミツマタ ― 33	ヤナギ類 ― 31,32,49	リンゴ ― 55
ベニバナマンサク→**マルバノキ** 19	ミナヅキ ― 57	ヤバネヒイラギモチ	リンボク ― 93
ペルシャグルミ→**カシグルミ** 124	ミネカエデ ― 100	→**ヒイラギモチ** ― 72	ルリミノウシコロシ→**サワフタギ** 51
ホウロクイチゴ ― 141	ミミズバイ ― 83	ヤブイバラ ― 119	レイランドヒノキ ― 155
ホオノキ ― 15	ミモザ→**フサアカシア** ― 133	ヤブウツギ ― 57	レッドロビン ― 92
ホーリー類 ― 72	ミヤギノハギ ― 117	ヤブガラシ ― 142	レモン ― 77
ボケ ― 52	ミヤマイボタ ― 33	ヤブコウジ ― 79	レンギョウ ― 59
ホザキナナカマド ― 122	ミヤマウラジロイチゴ ― 119	ヤブツバキ ― 92	レンゲツツジ ― 69
ホソエカエデ ― 102	ミヤマガマズミ ― 59	ヤブデマリ ― 20	ロウバイ ― 63
ホソバイヌビワ ― 33	ミヤマガンショウ ― 87	ヤブニッケイ ― 74	ローズマリー ― 76
ホソバシャクナゲ ― 86	ミヤマキリシマ ― 66	ヤブムラサキ ― 60	ローリエ→**ゲッケイジュ** ― 76
ホソバタブ ― 85	ミヤマシキミ ― 76	ヤマアジサイ ― 56	ローレル→**ゲッケイジュ** ― 76
ホソバヒイラギナンテン ― 73			

写真・文

林 将之
はやし まさゆき

1976年、山口県田布施町生まれ。樹木図鑑作家。編集デザイナー。千葉大学園芸学部卒業。出版社勤務を経てフリーに。学生時代に樹木を覚えるのに苦労した経験をきっかけに、葉で樹木を見分ける方法を独学。実物の葉をスキャナで取り込む方法を発見し、全国で葉を収集している。自ら紙面のレイアウト・デザインを手掛け、分かりやすく樹木や自然を伝えることをテーマに執筆活動に取り組む。主な著書に『山溪ハンディ図鑑14　樹木の葉』(山と溪谷社)、『葉で見わける樹木 増補改訂版』(小学館)、『樹皮ハンドブック』『紅葉ハンドブック』(文一総合出版)、『葉っぱはなぜこんな形なのか？』(講談社)、『おもしろ樹木図鑑』(主婦の友社)、『沖縄の身近な植物図鑑』(ボーダーインク)など。樹木鑑定webサイト『このきなんのき』運営。

メール：forest@blue.email.ne.jp

写真協力	岩槻秀明、小町友則、多田弘一、井澤健輔、小田嶋晴子、香川鏡子、高橋よしお、林涼子、樋渡里美、福田正
イラスト	石川美枝子
カバーデザイン	岡睦美（mocha design）
DTP	林将之
編集	井澤健輔（山と溪谷社）、林将之
編集協力（五十音順）	大木邦彦（企画室トリトン）、舘野太一（山と溪谷社）
シリーズフォーマット	美柑和俊（MIKAN-DESIGN）
デザイン協力	大木邦彦（企画室トリトン）
主な参考資料	『山溪ハンディ図鑑14　樹木の葉』（林将之／山と溪谷社）、『山溪ハンディ図鑑 樹に咲く花』（茂木透他／山と溪谷社）、『図説 花と樹の大事典』（木村陽二郎／柏書房）、『木の大百科』（平井信二／朝倉書店）、『照葉樹ハンドブック』（林将之／文一総合出版）、『園芸植物大事典』（塚本洋太郎他／小学館）、『日本花名鑑』（安藤敏夫他、アボック社）、『コニファーズブック』（柴田忠裕／グリーン情報）、『改訂新版 日本の野生植物』（大橋広好他／平凡社）、『木の名の由来』（深津正／日本林業技術協会）

くらべてわかる木の葉っぱ

2017年3月15日　初版第1刷発行
2022年12月1日　初版第3刷発行

著者	林 将之
発行人	川崎深雪
発行所	株式会社 山と溪谷社 〒101-0051　東京都千代田区神田神保町1丁目105番地 https://www.yamakei.co.jp/
印刷・製本	図書印刷株式会社

●乱丁・落丁、及び内容に関するお問合せ先
　山と溪谷社自動応答サービス　TEL.03-6744-1900
　受付時間／11:00-16:00(土日、祝日を除く)
　メールもご利用ください。
　【乱丁・落丁】service@yamakei.co.jp　【内容】info@yamakei.co.jp
●書店・取次様からのご注文先
　山と溪谷社受注センター　TEL.048-458-3455　FAX.048-421-0513
●書店・取次様からのご注文以外のお問合せ先　eigyo@yamakei.co.jp

＊定価はカバーに表示してあります。
＊乱丁・落丁などの不良品は送料小社負担でお取り替えいたします。
＊本書の一部あるいは全部を無断で複写・転写することは著作権者および発行所の権利の侵害となります。
　あらかじめ小社までご連絡ください。

ISBN978-4-635-06353-1
©2017 Masayuki Hayashi All rights reserved.
Printed in Japan